森林康养实用手册

张文凤　陈令君　黄小柱　主编

中国林業出版社
CFPH China Forestry Publishing House

图书在版编目(CIP)数据

森林康养实用手册 / 张文凤，陈令君，黄小柱主编．--北京：中国林业出版社，2024.5
ISBN 978-7-5219-2691-0

Ⅰ.①森… Ⅱ.①张… ②陈… ③黄… Ⅲ.①森林生态系统-医疗保健事业-中国-手册
Ⅳ.①S718.55-62

中国国家版本馆 CIP 数据核字(2024)第 088997 号

中国林业出版社

策划编辑：吴 卉
责任编辑：张 佳
电 话：010-83143561
邮 箱：books@theways.cn

出版发行：中国林业出版社
邮 编：100009
地 址：北京市西城区德内大街刘海胡同 7 号
网 址：www.cfph.net
印 刷 河北京平诚乾印刷有限公司
版 次 2024 年 5 月第 1 版
印 次 2024 年 5 月第 1 次
字 数 280 千字(含数字资源部分 100 千字)
开 本 787mm×1092mm 1/16
印 张 9
定 价 48.00 元

内 容 简 介

本书根据森林康养产业现状和发展趋势，结合森林康养产业发展实际需求，广泛收集国内外森林康养相关资料编撰成书。全书由森林康养概述、森林康养相关理论、森林康养类型、森林康养运营、森林康养管理、森林康养服务能力、森林康养政策法规、森林康养标准体系、森林康养建设典型案例九部分组成（其中后三个部分的内容以数字资源的形式呈现）。详细介绍了森林康养相关理论、我国目前主要森林康养类型、森林康养运营与管理、森林康养服务能力、相关政策法规及标准以及森林康养建设典型案例等。

本书可作为各级森林康养培训教材，也是广大森林康养从业人员及森林康养爱好者的参考书。

《森林康养实用手册》编委会

主　任：

胡洪成

副主任：

向守都

执行副主任：

胡志伟　胡兴平　毛贞红

编委：（按姓氏笔画排序）

毛贞红　刘　拓　李益辉　巫炳松　张文凤　陈令君　冷文涛
宋维明　罗惠宁　南海龙　姚建勇　黄小柱　曹　峰

编 写 组

主　编：

张文凤　陈令君　黄小柱

副主编：（按姓氏笔画排序）

丁章超　吴　婷　杨　丹　郭金鹏　詹丽玉

参编人员：（按姓氏笔画排序）

方飞燕　左　琛　刘毛娣　刘国进　江绪旺　李琴凤
杨　红　吴　帆　张　丽　张淑梅　冷文涛　罗媛媛
周曦曦　胡持镜　胡振华　黄书婷　黄俊铭　谢云忠
蒙士春

序

森林是人类文明的摇篮，是影响人类生存发展的生态因子。当文明发展到工业化时代，科技快速迭代，人类生活更为便利，生活环境和生活方式逐渐去“自然”化。同时，人体感觉敏锐度却渐渐钝化，自我调节能力逐渐变弱，心血管病变、代谢性病变、恶性肿瘤、精神及心理障碍、肥胖及并发症等慢性病逐渐增多且呈现患者年轻化趋势；环境污染、资源匮乏、气候异常等生态危机依然严峻；老龄人口快速增加、社会抚养能力不足等成为全社会共同关注的焦点。这些问题的出现迫使人们重新审视人与人、人与自然、人与社会的关系，并尝试在依托自然、尊重和利用自然的基础上展开产业创新。在此背景下，倡导绿色、健康、低碳、环保的生活理念，以优质的森林资源和良好的生态环境为依托，以维护、改善和促进大众健康，预防不良生活习惯导致的疾病为目的的森林康养，已成为全球公认的合理利用森林资源的新趋势，深受国内外消费者的青睐。

党的二十大报告明确指出，“中国式现代化是人与自然和谐共生的现代化”，提出了“推动绿色发展，促进人与自然和谐共生”的要求。森林康养产业是一个多业态融合的新兴产业、绿色产业、健康产业和富民产业，发展森林康养产业是最普惠、最公平的生态民生福祉，是践行“绿水青山就是金山银山”理念的生动实践，是实施健康中国、乡村振兴战略的重要举措。贵州省委省政府高度重视森林康养产业发展，在打造生态文明建设先行区的战略背景下，通过政策引导、标准制定、项目扶持、金融支持、科技支撑等措施，大力发展森林康养产业，实现了高位推动。截至目前，贵州省共有森林康养试点基地78处，初步构建了集康复疗养、养生养老、避暑休闲为一体的森林康养产业发展体系。

贵州省林业局认真推动落实省委省政府发展森林康养产业相关部署要求，组织精干人员多次深入森林康养基地开展调研，力求破解森林康养产业发展的痛点、难点和卡点问题。调研发现，广大基层森林康养从业者和管理者，缺少系统介绍森林康养理论和实用技能指导的工具书，编撰一本森林康养实用手册很有必要，也十分迫切。

为推动森林康养产业高质量发展，本书编写组以森林康养理论及实证研究、中华传统养生康复理论、森林康养基地规划、产品服务项目开发、森林康养产品与服务营销、森林康养管理、森林康养服务能力、森林康养标准体系及政策法规为重点，广泛收集国内外森林康养研究成果和实例，精心编撰成《森林康养实用手册》。相信本书的出版能为进一步研究和探索中国式森林康养，建设更加优美的生态环境，开发更多优质生态产品，加快健康中国建设，促进乡村振兴贡献一份力量。

2024 年 3 月 21 日

前 言

随着生活水平的不断提高，人们对生活品质的追求也越来越高，健康与长寿成为全社会共同关注的热点。党的十八大提出全面“建成”小康社会。2016 年 10 月 25 日，中共中央、国务院发布《“健康中国 2030”规划纲要》这一行动纲领，将“养生、治未病”上升为国家战略。在此大背景下，林业被赋予新的重任和历史使命，森林康养成为林业产业转型升级需要迫切破解的新命题。2019 年 3 月，国家林业和草原局、民政部、国家卫生健康委员会、国家中医药管理局联合印发《关于促进森林康养产业发展的意见》明确提出，利用森林生态资源、景观资源、食药资源和文化资源，并与医学、养生学有机融合，开展保健养生、康复疗养、健康养老等服务活动，向社会提供多层次、多种类、高质量的森林康养服务，满足人民群众日益增长的美好生活需要。党的二十大报告指出，必须牢固树立和践行绿水青山就是金山银山的理念，站在人与自然和谐共生的高度谋划发展；坚持山水林田湖草沙一体化保护和系统治理，协同推进降碳、减污、扩绿、增长，推进生态优先、节约集约、绿色低碳发展；倡导绿色消费，推动形成绿色低碳的生产方式和生活方式。森林康养产业迎来了前所未有的发展机遇。但从产业整体来看，森林康养有效供给不足、服务质量不高等问题较突出，广大人民群众的康养服务需求尚未得到有效满足。各级各类森林康养机构急需加强基础设施建设、提高运营与管理水平、开发优质特色康养产品、完善康养服务体系，从容应对大健康消费时代的到来。

森林康养是以森林生态环境为基础，以促进大众健康为目的。森林康养遵从人的生理、心理、社会及道德层面需求，设计和实施相应的医疗方法以及日常活动以外的一系列辅助疗愈活动。19 世纪中早期，在德国巴特·威利斯赫恩小镇兴起利用水和森林治疗文明病的“气候疗法”，被认为是“森林康养”最早的起源。此后，“森林康养”在许多工业化程度较高的国家得到发展。近年来，我国森林康养产业不断发展，行业水平与质量不断提升，有关森林康养的研究与普及应用逐渐增多，我们邀请了国内该行业、企业、院校的专家及同行，合力编撰本书，以期能成为森林康养从业人员及社会培训使用的“森林康养肘后方”。

本书由贵州生态能源职业学院正高级讲师张文凤、贵州省林业调查规划院高级工程师陈令君、贵州生态能源职业学院高级讲师黄小柱担任主编。在此，编者对给予本书大力支持的中国林业产业联合会刘拓、李益辉、冷文涛，北京市园林绿化局南海龙，山东省肿瘤医院赵风岭，以及贵州黔东南民族医药研究院、四川玉屏山森林康养基地、贵州凤冈茶寿山森林康养基地、贵州开阳水东乡舍森林康养基地、贵州景阳森林康养基地等表示真诚的感谢。向付出艰辛劳动的全体编写人员致以崇高的敬意，向为此书提供资料的所有人士表示衷心感谢。

由于编者水平有限，本书编写工作中难免存在疏漏和不足之处，欢迎广大读者批评指正。

编　者

2023 年 12 月

目　录

序
前言
1　森林康养概述 …… 1
1.1　森林康养的发展历程、现状及趋势 …… 1
1.1.1　森林康养的发展历程 …… 1
1.1.2　森林康养的发展现状 …… 3
1.1.3　森林康养的发展趋势 …… 6
1.2　发展森林康养的时代背景与现实意义 …… 7
1.2.1　发展森林康养的时代背景 …… 7
1.2.2　发展森林康养的现实意义 …… 8
2　森林康养相关理论 …… 10
2.1　森林康养理论与假说 …… 10
2.1.1　亲生命假说 …… 10
2.1.2　疗愈环境理论 …… 11
2.1.3　五感疗法理论 …… 12
2.2　森林环境与人体健康 …… 13
2.2.1　森林环境 …… 14
2.2.2　森林环境对人体健康的重要影响因子 …… 17
2.2.3　相关实证研究 …… 21
2.3　中华传统养生康复理论 …… 22
2.3.1　中华传统养生康复相关理论 …… 22
2.3.2　中华传统养生康复常用方法 …… 23
2.4　少数民族养生文化 …… 34
2.4.1　苗族养生文化 …… 34
2.4.2　蒙古族养生文化 …… 38
3　森林康养类型 …… 42
3.1　按组织形式划分 …… 42

3.1.1 全域森林康养试点 …… 42
3.1.2 森林康养基地 …… 44
3.1.3 森林康养小镇 …… 46
3.1.4 森林康养人家 …… 49
3.2 按服务特征划分 …… 51
3.2.1 康复疗养 …… 51
3.2.2 健康养老 …… 55
3.2.3 自然教育 …… 56
3.2.4 运动康养 …… 59
4 森林康养运营 …… 62
4.1 森林康养基地总体规划 …… 62
4.1.1 总体规划步骤 …… 62
4.1.2 总体规划主要内容 …… 63
4.1.3 投资估算与效益分析 …… 66
4.1.4 实施保障措施 …… 66
4.1.5 规划成果组成 …… 66
4.2 森林康养产品服务项目开发 …… 67
4.2.1 产品服务项目开发原则 …… 67
4.2.2 产品服务项目开发路径 …… 68
4.2.3 森林康养客户服务流程 …… 68
4.3 森林康养产品与服务营销 …… 69
4.3.1 森林康养产品与服务营销环境分析 …… 70
4.3.2 森林康养产品与服务营销策略——4P 营销战略 …… 74
4.4 森林康养品牌建设 …… 77
4.4.1 品牌定位 …… 78
4.4.2 品牌规划 …… 78
4.4.3 品牌形象 …… 78
4.4.4 品牌推广 …… 79
5 森林康养管理 …… 80
5.1 森林康养资源管理 …… 80
5.1.1 森林资源分类与评价 …… 80
5.1.2 森林资源保护与利用 …… 81

5.1.3 森林康养资源可持续发展策略 …… 82
5.2 森林康养环境管理 …… 83
5.2.1 森林康养环境质量监测 …… 83
5.2.2 森林康养环境保护措施 …… 84
5.2.3 森林康养环境规划与设计 …… 84
5.2.4 环境教育与宣传 …… 86
5.3 森林康养项目管理 …… 87
5.3.1 森林康养项目策划 …… 87
5.3.2 森林康养项目设计 …… 90
5.3.3 森林康养项目运营 …… 91
5.3.4 森林康养项目实施 …… 92
5.4 森林康养服务管理 …… 95
5.4.1 制定服务质量标准 …… 95
5.4.2 服务质量评价 …… 96
5.4.3 服务质量改进措施 …… 97
5.5 森林康养安全管理 …… 98
5.5.1 森林康养设施安全 …… 98
5.5.2 森林康养活动安全 …… 101
5.5.3 森林康养人员安全 …… 102
5.5.4 森林康养信息安全 …… 102
5.5.5 森林康养环境卫生安全 …… 103
5.6 森林康养人力资源管理 …… 104
5.6.1 森林康养人力资源特点与规划 …… 104
5.6.2 森林康养员工招聘与甄选 …… 108
5.6.3 森林康养员工绩效管理 …… 109
5.6.4 森林康养员工培训 …… 109
5.6.5 森林康养服务人才知识及技能要求 …… 110
6 森林康养服务能力 …… 120
6.1 康养服务时间 …… 120
6.2 顾客参与 …… 121
6.2.1 助力顾客事前准备，强化服务意识 …… 121
6.2.2 建立共享互动机制，促进有效沟通 …… 121

6.2.3 树立口碑传播理念，实施关系营销 …… 122
6.2.4 适当控制直接接触，削弱消极影响 …… 122
6.3 森林康养服务能力提升与扩容 …… 122
6.3.1 明确服务理念 …… 122
6.3.2 加强专业知识和技能培训 …… 123
6.3.3 规范服务流程 …… 123
6.3.4 建立有效的激励机制 …… 123
6.3.5 加强服务管理和监督 …… 124
参考文献 …… 125

森林康养政策法规
森林康养标准
森林康养建设典型案例
其他拓展阅读材料

1 森林康养概述

在“人口老龄化”和“亚健康”剧增的环境下，健康与长寿成为全社会共同关注的热点。森林康养作为林业与旅游、医学等融合的新兴产业，以森林生态环境为基础，据《关于促进森林康养产业发展的意见》（国家林业和草原局、民政部、国家卫生健康委员会、国家中医药管理局，2019），以促进大众健康为目的，利用森林生态资源、景观资源、食药资源和文化资源，并与医学、养生学有机融合，开展保健养生、康复疗养、健康养老的服务活动。发展森林康养产业是实施健康中国战略、乡村振兴战略的重要措施，是生态文明建设的重要组成部分，是践行绿水青山就是金山银山理念的有效途径。通过科学合理地开发利用林草资源，不仅可以满足新时代人民日益增长的生态产品需求，同时也是助农增收，让群众共享生态红利，过上更健康、更幸福、更有获得感的高品质生活的重要途径。

1.1 森林康养的发展历程、现状及趋势

森林康养的雏形最早形成于德国，流行于美国、日本、韩国等发达国家，在许多国家发展已较为成熟。从时间层面、空间层面和未来趋势层面对各国森林康养产业进行分析，有助于我国森林康养产业的高质量发展。

1.1.1 森林康养的发展历程

1.1.1.1 国外森林康养发展历程

（1）1980 年以前以德国为代表的雏形期

德国是最早形成和发展森林康养理念的国家，12 世纪，德国神学家圣希尔德加德（V. B. Hildegard）在其著作《自然界》和《病因与疗法》中就自然界中绿色对人体系统的调节方式以及森林环境对不同疾病的治疗作用进行了阐述，一定程度上认识到了森林对人体健康有着积极作用，可以视为德国森林医疗的最初萌芽阶段。18 世纪末 19 世纪初，德国内科医生兹维尔莱茵（K. A. Zwierlein），对于温泉疗法和植物疗法的研究涉及医学与林学等多学科知识，提出了森林具有净化空气、预防人类疾病等多方面的功能，这一系列的研究成果对森林医疗在德国的形成和发展有极大的推动作用（郭诗宇，2022）。19 世纪 40 年代，被誉为“欧洲水疗之父”的德国天主教神父塞巴斯蒂安·克奈圃（S. Kneipp）在总结了 120 多种水疗方式后，开创

了一套由水、植物、运动、营养和平衡五大要素构成的克奈圃疗法（李溪，2019），并在位于德国巴伐利亚州（Bavaria）的巴特·威利斯赫恩镇（Bad Wörishofen）创立的康复医院应用了此类自然疗法，由此，巴特·威利斯赫恩镇被誉为世界上第一个森林浴基地，德国的森林医疗理论研究也开始盛行。

（2）1980—2005 年以日本、韩国为代表的发展期

20 世纪 80 年代以后，日本、韩国、奥地利、美国等国家陆续建立森林疗养基地或“森林医院”。1982 年，日本将森林医疗理念引进本国，联合林学、医学等多学科进行研究，并在全国开始规划森林浴基地。2004 年，日本成立了森林疗养协会，2006 年，“森林医学”一词首次在日本被提出，2007 年，成立森林医学研究会，旨在深入探讨森林疗愈功效，以增进日本国民的身体健康。韩国于 1982 年颁布“自然休养林”计划并着手修建自然休养林。围绕该计划，政府出台“自然休养林”科学评估体系，2005 年，制定《森林文化·休养法》，并颁布《森林福利促进法》，将森林康养纳入国民福利体系。同年，韩国成立“韩国森林疗法论坛”跨学科研究小组，对森林康养进行科学研究和宣传普及。

（3）2005 年以后世界范围内蓬勃发展期

2005 年起，森林康养在世界范围内开始蓬勃发展，几乎所有发达国家都对森林康养进行了不同程度的研究和实践。台湾是我国最早开始森林康养实践的地区，在台湾，学者将森林康养称为“森林疗愈”（李溪，2019）。在欧洲，森林康养的发展主要着重于森林康养基地建设和体系建设研究，2004—2008 年，欧盟将心理健康纳入考量范畴，并开始研究森林疗养环境对残疾人健康的影响。韩国山林厅自 2007 年起便将“森林疗愈”作为主要的施政目标，2007 年正式投资建设“疗愈林”项目，2013 年发布《森林福祉综合发展计划》（李祇辉，2021）。可以说，从 2007 年开始，韩国已从“森林休养时代”迈入到“森林疗愈时代”。美国自 2011 年以来，将森林康养列为振兴经济和增加就业的重要举措，每年大约有 3 亿人次前往森林游览、观光，各地均建有“森林医院”。

1.1.1.2 我国古代森林康养萌芽时期

环境因素对人体健康的影响，自古以来就受到人们重视，森林康养可以追溯到我国传统医学中的“养生”理念，《黄帝内经》：“一州之气，生化寿夭不同……高者其气寿，下者其气夭，地之小大异也，小者小异，大者大异”“是故圣人不治已病治未病，不治已乱治未乱，此之谓也。夫病已成而后药之，乱已成而后治之，譬犹渴而穿井，斗而铸锥，不亦晚乎?”由此可见，环境养生在我国具有悠久的历史。白居易在《庐山草堂记》写道：“仰观山，俯听泉，傍睨竹树云石，自辰及酉，应接不暇。俄而物诱气随，外适内和。一宿体宁，再宿心恬，三宿后颓然嗒然，不知其然而然。”这是最早关于森林康养最佳时间（三宿）及其效果的科学记载。谢灵运《山居赋》中写到“即事也，山居良有异乎市廛。抱疾就闲，顺从性情，敢率所

乐，而以作赋”，王羲之在《兰亭集序》中写到“群贤毕至，少长咸集。此地有崇山峻岭，茂林修竹；又有清流激湍，映带左右，引以为流觞曲水，列坐其次。虽无丝竹管弦之盛，一觞一咏，亦足以畅叙幽情”。符载的《植松论》、庾信的《小园赋》、刘峻的《送桔启》、王禹偁的《黄州新建小竹楼记》等，这些文学作品都从不同角度记录了古人体验森林康养的实践与效果，表明我国古代就已经形成了森林康养的萌芽思想。

1.1.2 森林康养的发展现状

1.1.2.1 国外森林康养的现状

（1）德国

经过120余年的深化研究与实践，德国的“森林疗法”已成为一项国策，建成的森林疗法基地达350余处，每个基地配备通过职业水平认证的医生和理疗师为基地的日常运营服务（张胜军，2018）。德国政府明确规定，本国公民到森林公园花费的各项开支，都可被列入国家公费医疗的范围。随着森林医疗项目的推行，德国公务员的生理指标明显改善，健康状况大为好转。此外，森林医疗的普及和推广，带动了就业的增长和人才市场的发展。据调查，巴特·威利斯赫恩镇60%~70%的人口，从事着与森林康养密切关联的工作，大大地推动了该镇住宿、餐饮、交通等的发展。同时，森林康养的发展，大大激发了市场对康养人才的需求，如康养导游和康养治疗师等方面的人才。在产业发展中，德国还形成了一批极具国际影响力的产业集团，如将医院建立在环境优美的森林中的高地森林骨科医院。

（2）日本

日本森林康养提倡“入森林、浴精气、锻炼身心”，利用森林步道进行运动休憩，形成了独特的森林浴模式。森林医学研究会一成立，就划定了4个与森林康养相关的主题，在全国范围内推广森林浴基地和步道建设。截至2019年，日本共认证了63处、3种类型的森林康养基地（“医疗福祉型森林”“疗养保养型森林”和“预防生活习惯病森林”）。为建立严格的行业准入机制，日本政府与相关机构一起，在深入研究和广泛征求意见之后，制定了一套科学、全面、统一的森林浴基地评选标准，并在全国范围内推行，以此来有序有效地促进森林保健旅游开发。该评价标准包括2个方面，即自然社会条件和管理服务，从中又细化出8个因素，共有28项评价指标，形成了完善的森林康养基地标准体系和资格认证体系。日本在构建森林康养基地标准之外，更重视软件建设。从2009年开始，日本每年组织一次“森林疗法”验证测试，报名参加考试者众多。根据测试结果，通过最高级资格的考试者，可获得森林疗法师或森林健康指导师的从业资格；通过二级资格的，可从事森林疗法向导工作。以此推进森林浴的发展。森林康养服务中森林疗养师作为指导者，要向不同的森林疗养者提供适当的疗养方案；而森林疗养导游则是森林疗养者进行有效的散步、运动的现场引领者。为推动森林康养产业发展，日本新闻出版界还广泛宣传，发行了如《劝君进行森林浴》《森林浴之歌》等书籍和唱片。因其对森林康养及森林浴理论研究的大力投入与实践，日本在短时间内成为在森林康养领域世界领先地位的国家。

（3）韩国

韩国森林疗愈服务体系主要包括硬件和软件 2 个方面。硬件是指具有森林疗愈功能的各种森林疗愈服务基地，软件是指与其相对应的森林疗愈指导师制度。韩国自然休养林制度始于 1988 年，截至 2018 年，已设立自然休养林 170 处（所）；韩国森林浴场建设始于 1994 年，截至 2018 年，已设立森林浴场 199 处。截至 2020 年，韩国共建立了 400 余处康养基地，韩国正在运营或建设中的疗愈林有 58 处（所），国立山林疗愈园（荣州）也于 2016 年 10 月开始正式运营（李祗辉，2021）。2013 年，韩国山林厅发布了第一个森林福祉五年规划《森林福祉综合规划 2013—2017》，2018 年又发布了《森林福祉振兴规划 2018—2022》，为森林康养的发展奠定了政策保障。截至 2022 年底，韩国已经形成了较为完整的森林康养产业链、相应的法律法规保障体系、行业规范体系以及配套服务设施设备系统。

（4）美国

作为一个森林资源极为丰富的国家，也是世界上最早开始发展森林康养的国家之一，美国目前人均收入的 1/8 用于森林体验，年接待游客约 20 亿人次。美国林地面积约占其国土总面积的 30%以上，约有 2. 981 亿公顷。在加大森林资源保护力度，提升生态系统多样性、稳定性和持续性的同时，通过提供富有创新和变化的配套服务以及深度的运动体验，吸引民众广泛参与丰富多彩的森林户外运动，实现了集旅游、运动、养生于一体的综合养生度假模式。与德国森林医疗不同，美国森林康养更注重“森林+”融合发展，围绕优美的森林资源，形成“森林+康养、教育、营地、观光、娱乐”等丰富的系列产品，实现集旅游、运动、养生于一体的综合养生度假功能。

（5）其他国家

随着森林康养在世界范围内普及，森林康养产业得到快速发展，很多国家依托丰富的森林等自然资源，纷纷以不同形式、不同程度实践和开展各类森林康养探索，逐步形成了“康养+”综合性康养度假模式。瑞士以“山地运动+医疗康复”模式，修建了 500 多处森林运动场所，开创了独具当地特色的康养产业体系；荷兰等欧洲国家将医疗与森林治疗相结合，修建了大量的森林医院，开创“森林+医疗”的康养模式；在荷兰，每公顷林地年接待森林康养参与者可达千人；法国中部的奥弗涅地区实施了森林向导随行指导的森林浴项目；在奥地利，大多数居民都要到林区或森林公园欢度周末；加拿大充分发挥森林资源和空气质量优势，以观星为核心，在全国范围内发展木屋、树屋、玻璃创意屋、集装箱等多种形式的森林木屋度假模式，并形成了以森林木屋为核心产业的产业体系。

1.1.2.2 我国森林康养的现状

（1）概念引入阶段

20世纪80年代，我国台湾地区就已经建立了森林浴场，原成都军区昆明疗养院也开展了森林浴对生理的影响研究（南海龙等，2016），但是“康养”一词最早出自刘丽勤（2004）提出的可利用森林公园进行“康养养生”，但并没有对森林康养进行准确的定义。直到2012年，北京率先引入森林疗养的概念，组织翻译出版了《森林医学》专著，开始探索建设森林疗养示范区（李卿等，2013）。2013年3月，时任全国人大代表、湖南省林业厅厅长邓三龙以代表建议案的形式向全国人大提出《关于大力发展森林康养，推动绿色供给的建议》，在全国两会上向全国呼吁发展森林康养。同年，湖南建立了全国第一个由政府、企业、医疗机构合作打造的森林康养基地——湖南省林业森林康养中心，我国森林康养的发展迈开了第一步。

（2）探索、推进阶段

党的十八届五中全会把建设“健康中国”上升为国家战略，2017—2019年连续3年中央一号文件对森林康养作出部署。党的十九大和二十大提出，推进健康中国战略，把保障人民健康放在优先发展的战略位置。国家林业和草原局等相关部委陆续出台和发布诸多支持文件和政策。2015年，国家林业和草原局将森林康养正式列入《林业发展“十三五”规划》，中国林业产业联合会森林医学与健康促进会成立，并开启第一批全国森林康养试点建设单位申报工作，同年，湖南省林业厅启动了首批森林康养基地的建设，研发定制森林康养基地的建设标准。2016年，北京召开首届中国森林康养与医疗旅游论坛，中国林业产业联合会公布第一批森林康养基地试点建设名单。2018年，国家林业和草原局发布了《森林康养基地质量评定》和《森林康养基地总体规划》两项标准。2019年，国家林业和草原局、民政局、国家卫生健康委员会、国家中医药管理局四部委联合发布《关于促进森林健康产业发展的意见》，并启动第一批国家森林康养基地申报工作。2020年，中央一号文件推出一系列措施推动森林康养发展，《“十四五”林业草原保护发展规划纲要》也明确提出要在全国培育森林康养等新产业。由此可见，森林康养已成为绿色经济发展的新引擎。

（3）快速发展阶段

截至2022年年底，全国大部分省（自治区、直辖市）都开始了森林康养的相关建设，其中湖南、四川、北京、浙江、贵州、广东等省（直辖市）均已走在国内前列。例如，浙江将森林康养作为林业第一大产业，通过实践发展出多层次、多种类、高质量的森林康养服务；贵州则打造了“大生态+森林康养”的林业经济发展新模式，形成了山地气候型、山地温泉型、林茶复合型、林药结合型等多种特色森林康养模式（姚建勇等，2021）。截至2022年年底，全国评选出国家级全域森林康养试点建设县（市、区）16个，2022年国家级全域森林康养试点建设乡（镇）34

个，国家级森林康养试点建设基地98个，中国森林康养人家28个，遍布全国23个省（自治区、直辖市），森林康养在我国开始进入快速发展的阶段。

1.1.3 森林康养的发展趋势

1.1.3.1 国外森林康养的发展趋势

进入21世纪以来，森林浴和森林疗养不断向森林康养层面演进，Konu（2015a）提出了利用虚拟产品开发森林康养产品，并提出了基于人种志方法与游客共同开发森林康养产品（Konu，2015b）。Komppula等（2017a）不但介绍了芬兰的森林康养旅游，还开展了基于满足日本游客需要的芬兰森林康养旅游服务设计（Komppula et al.，2017b）。国际上森林康养的发展呈现多样化发展态势，林业是国外森林康养的主要研究领域，此外还包括自然生态学、心理学、公共环境职业卫生等领域，研究围绕森林康养对人体生理与心理的影响展开（崔新新，2023）。

1.1.3.2 我国森林康养的发展趋势

随着人们生活方式改变、预期寿命增加、生态环境和食品安全危机等问题影响，到森林环境中“洗肺”“放空”等健康活动已成为时尚，森林康养逐渐走进大众视野，绿色健康的生活理念深入人心，各种森林康养活动应运而生，形式和内容日益丰富，市场规模不断扩大，服务质量不断提高。

（1）森林康养理念逐渐深入人心

文旅融合和旅游市场发展加速了我国文旅消费升级，必须推出更多符合消费需求的优质产品和服务推动康养产业的有序发展，不断满足人民群众日益增长的美好生活需要。森林康养作为森林生态和服务价值的一种新发现，完美诠释着优良生态环境带来的巨大发展优势，能提供更好更丰富的优质生态产品，满足人民日益增长的美好生活需要，引领社会生活理念和生活方式的转变，让人们走进绿水青山中共享自然之美、生命之美、生活之美。

（2）森林康养产业规模不断扩大

随着健康与长寿成为全社会共同关注的热点，单一的观光旅游及医疗保健服务很难满足大众的多样化需求，人们期待天更蓝、地更绿、水更清，生活更加美好。人们逐渐认识到生物-心理-社会医学模式才是未来的发展趋势。森林康养由于独特的治疗功效而备受关注，正在成为国际流行的康养模式，是我国大健康产业的新模式、新业态，符合低碳、循环、可持续的基本要求，具有广阔的发展前景。

（3）森林康养的服务质量不断提高

伴随森林康养产业快速发展，国家层面及各省（自治区、直辖市）相继出台一系列与森林康养有关的政策法规规范，如《森林康养基地质量评定》（LY/T 2934—2018）和《森林康养基地总体规划导则》（LY/T 2935—2018）、《全域森林康养建设规范》（T/LYCY 2038—2022）、《国家级森林康养基地标准》（T/LYCY 012—2020）、《森林康养人家标准》（T/LYCY 1026—2021）等，森林康养基础设施建设逐渐完善，运营管理、康养服务及产品开发等能力不断提升，森林康养产业迈入规范的发展轨道。

1.2 发展森林康养的时代背景与现实意义

1.2.1 发展森林康养的时代背景

森林作为地球上最重要的生态系统之一，是人类生存繁衍的摇篮，与人类生活息息相关，从受自然控制的原始文明、顺应自然的农耕文明到利用自然的工业文明，人类生存环境离森林家园越来越远，但是，人类的亲森林基因并未丢失，在遭受生存危机时，仍然会从森林环境寻求解决方案。森林康养能够找到森林环境与现代文明平衡的支点，既能满足人们对现代健康生活的需求，又能推动林业产业的转型升级、促进生态文明建设，因此，森林康养是人类社会发展到一定时期必然的选择。

1.2.1.1 生态文明建设的需要

生态文明建设是中国特色社会主义事业的重要内容，关系人民福祉，关乎民族未来，事关“两个一百年”奋斗目标和中华民族伟大复兴中国梦的实现。党中央、国务院先后出台了一系列重大决策部署，推动生态文明建设取得了重大进展和积极成效。但总体上看，我国生态文明建设水平仍滞后于经济社会发展，资源约束、环境污染、生态系统退化等矛盾已成为制约经济社会可持续发展的重大瓶颈。森林康养作为绿色、低碳、可持续理念下的新兴产业，是深入持久地推进生态文明建设，加快形成人与自然和谐共生共荣的新途径。

1.2.1.2 人民日益增长的美好生活需要

发展森林康养能有效满足人民日益增长的美好生活需要，森林作为地球上最重要的生态系统之一，其丰富的生物资源和独特的生态功能，对人类的健康和福祉有着积极的影响。研究表明，接触自然环境和森林可以降低心理压力、提高免疫力、减少焦虑和抑郁等心理问题。森林中的空气质量良好，富含氧气和负离子，可以改善呼吸系统功能。此外，森林中的植物释放的挥发性有机化合物（VOCs）也具有抗氧化和抗炎作用，对人体健康有益。

1.2.1.3 现代林业转型升级的需要

根据《2021 中国林草资源及生态状况》数据显示：2021 年，我国森林面积达 34.6 亿亩，森林覆盖率为 24.02%，森林蓄积量 194.93 亿立方米，草地面积 39.68 亿亩（国家林业和草原局，2022）。随着生态文明建设和国有林场（区）改革的不断深入，国有林场（区）全面停止了天然林商业性采伐，林业进入了全面生态保护、经济全面转型的历史时期。同时，传统的林业产业已不能满足人民日益增长的美好生活需要。挖掘林业资源效益洼地已成为现代林业转型升级必经路径。2019年，通过积极培育包括森林体验、森林养生、森林康养、自然教育、森林步道等新业态新产品，全国年森林游客量超过18亿人次，同比增长12.5%，占国内旅游总人数的30%左右，创造社会综合产值达1.75万亿元，同比增长16.7%。森林旅游已经发展成为我国林草业最具影响力和最具发展潜力的支柱产业。

1.2.2 发展森林康养的现实意义

发展森林康养产业在促进人体健康、保护生态环境、推动经济发展和提升生活质量等方面都具有深远的意义。通过接触大自然，人们可以缓解身心压力、提升身心健康水平，同时森林康养产业的发展也能带动经济增长、增加就业机会。更重要的是，森林康养强调与自然的和谐共生，注重生态环境的保护和可持续发展，为人类社会的可持续发展做出贡献。

1.2.2.1 助推健康中国战略的实施

健康是促进人的全面发展的必然要求，是经济社会发展的基础条件，是民族昌盛和国家富强的重要标志，也是全国各族人民的共同愿望，由于工业化、城镇化、人口老龄化、疾病普遍化、生态环境及生活方式变化等，我国健康服务供给总体不足与需求不断增长之间的矛盾日渐突出。据世界卫生组织公布数据，全球约75%的人处于亚健康状态，这些人时常受疲劳、失眠、焦虑、脱发、胃肠功能紊乱等问题困扰。2017年，党的十九大提出实施健康中国战略，为人民群众提供全方位全周期健康服务。

森林康养以人民群众不断增长的健康需求为出发点，按照绿色发展理念，利用优质的森林等资源，达到维护和促进全民健康的目的，正好契合健康中国战略的需要。2023年，生态旅行、康养旅居等旅游主题热度暴涨，游客越来越倾向于那些能提供独特体验和个人成长的“身心灵疗愈之旅”。

1.2.2.2 全面推进美丽中国建设

党的十八大提出美丽中国建设以来，我国经济社会发展已进入加快绿色化、低碳化的高质量发展阶段，但是生态环境保护压力尚未得到根本缓解，经济社会发展绿色转型内生动力不足，生态环境质量稳中向好的基础还不牢固，必须把美丽中国建设摆在强国建设、民族复兴的突出位置，保持加强生态文明建设的战略定力，坚定不移走生产发展、生活富裕、生态良好的文明发展道路，建设天蓝、地绿、水清的美好家园。

森林康养以森林资源为基础，通过科学规划和合理利用，能够有效保护和恢复森林生态系统，提高森林覆盖率，增强碳汇能力，为美丽中国建设提供生态保障；还能推广绿色健康生活方式，增强人们的健康意识，提高人们的健康水平，实现经济社会与生态文明的协调发展，对于全面推进美丽中国建设具有重要意义。

1.2.2.3 提升中国式现代化的幸福感

森林康养能有效提升身心健康、丰富精神文化生活、促进家庭和睦与社交互动以及提升幸福感和满足感，提升人们的生活品质和幸福感，为构建和谐社会做出贡献。森林康养活动不仅可以提供身体上的放松和疗愈，还可以丰富人们的精神文化生活。在森林中，人们可以欣赏自然美景、聆听鸟鸣虫吟、感受大自然的神奇和美丽。这种与自然的亲近和融合，有助于陶冶情操、提高审美水平，增强人们的文化素养和艺术修养。通过森林康养活动，可以增进彼此之间的感情，增强人际凝聚力和向心力，拓展人际关系。

2 森林康养相关理论

森林康养狭义上是一种融合了生态、健康与文化等多重元素的综合性理念，主张将优质的森林资源与现代医学和传统医学有机结合，开展森林养生、疗养、康复和休闲等一系列有益于人类身心健康的活动。森林是人类的“医院”，它具有保持水土、吸收二氧化碳并释放氧气、净化空气、降低噪声、为野生动物提供良好的栖息地以及调节气候等功能，是发展森林康养的基础。民族医药养生理论，是以我国劳动人民在与疾病作斗争过程中总结出的经验为基础，在古代朴素的唯物论和自发的辩证法思想指导下，通过长期医疗实践逐步形成并发展成的医学理论体系。将传统医药理论与森林康养有机融合，是推动我国森林康养产业未来发展的新趋势。

2.1 森林康养理论与假说

2.1.1 亲生命假说

1984 年，美国生物学家 Wilsom（1984）提出亲生命假说（Biophilia hypothesis），即人类与其他生物间的内在情感联系。该理论认为自然环境可以向人类提供充足水源、丰美食物等，这对我们祖先具有重要的生存价值，在长期的进化过程中，人对自然环境特征具有积极的适应能力，能增加人类个体的存活概率，形成了与自然和其他生命相依附的强烈倾向。人们对自然的偏好是一种基本的心理需要（Jane et al.，2019）。

Wilsom 认为，人类与生命和类似生命间的过程联系是倾向于先天的和生物学上的；这种联系是物种进化遗产的一部分，与人类竞争优势和基因适应性有关，可能会增加实现个人价值与成就的可能性；人类关怀及保护自然的伦理以利己为基础，尤其是对生命多样性的保护。

我们与生俱来具有对自然某些方面的向往，这可以帮助我们生存，就像我们拥有可以帮助我们生存的生物恐惧症一样。例如，当面对（大）蜘蛛时，往往激发焦虑反应，并产生“战或逃”的想法；当走在悬崖边的时候，大多数人会表现出焦虑的情绪，因为交感神经系统无意识地被激活，这时心率增加、血压升高、皮质醇和肾上腺素释放增加、消化器官血液供应减少甚至出现颤抖。我们天生具有有机体的这些生理反应和相应的焦虑行为。

2.1.2 疗愈环境理论

疗愈环境是指有利于身心健康恢复的物理环境（李泽等，2020），该概念来自环境心理学、神经系统科学。疗愈与治愈概念存在区别，治愈通常是指医疗行为，是通过医疗手段达到解决健康问题的过程；疗愈是身体、心理、精神 3 个层面恢复的过程。目前主要有两种假说解释疗愈环境对人体的身心健康恢复作用，即减压理论和注意力恢复理论。

环境心理学家 Ulrich（1984）提出了减压理论，认为城市建筑、交通和环境刺激、复杂多变，拥挤、噪声、垃圾等环境问题严重地侵扰了城市居民生活，城市居民常出现焦虑情绪和自主唤醒水平持续偏高，处于较高的压力水平。Ulrich 提出自然景致吸引人注意而引发正向情绪，当个体处于压力或应激状态时，接触某些自然环境可缓解由应激源造成的生理、心理及行为上的伤害。Ulrich 进行了一项关于自然环境对胆囊切除术后恢复影响的实证研究，结果表明，相比只能看到砖墙的病房，能看到窗外树木的病房中的患者恢复得更快。Ulrich 等在实证研究基础上提出恢复性环境应满足以下几个条件：有适当的深度与复杂性，一定的总体结构和特定聚焦点，包含足够的植物、水体等自然元素，并且没有危险物存在。

Kaplan（1995）提出注意力恢复理论。该理论指出，集中注意能力的下降会导致很多负面影响，如频繁出现失误、冲动行为及容易激怒的状态。但是，在恢复性环境中，个体将有效恢复衰退的集中注意能力，体验到身心深层的修复。Kaplan 夫妇确定了恢复性环境的 4 个特征，包括远离性、迷人性、延伸性和相容性。远离性是指从疲劳或压力状态中逃离，可以是身体上的，也可以是心理上的；迷人性是指环境应吸引人们的注意力，大自然中的植物、动物、水、光等被很好地赋予了吸引力；延伸性是指一个空间具有足够的内容让人们感觉到他们正在远离压力；相容性是指环境可供性与人的喜好和活动相一致。当人们因过度集中注意力而产生注意力耗竭时，自然环境则有足够的能力来修复。在恢复性环境的相关研究中，主要是比较研究城市环境与自然环境对注意力恢复的效果，结果表明，自然环境更有利于注意力恢复。森林康养是指利用良好的森林环境，在森林中从事运动等活动，从而达到促进身心健康的目的。因此，森林康养为注意力恢复提供了可能性。

森林环境是重要且有效的疗愈环境。Leslie（2004）研究表明，自然景观、自然光、舒缓的色彩可以促进康复。Jihyun（2020）研究结果表明，疗愈环境要素包括自然亲和力、可获得性、独立性、安全性、舒适性、开放性、社会交流和审美性，并提出在疗愈环境中提供一个自然、安全和舒适的空间比美学更重要。格伦（2013）认为，疗愈环境不仅涵盖物理治疗环境，还注重天然环境下精神层面的平衡。陈柏宗等（2020）提出，疗愈环境的评价要素共包括五类：第一，促进健康，包括优质的空气、健康与安全，减少或去除环境中的压力源等；第二，五感感受，包括适宜的温湿度，噪声受到控制，柔和的光线，自然四季色彩变化，可以让心灵沉静的场所，天人合一的舒压空间等；第三，接近自然。自然的视觉景观，与自然联结及互动的空间，融合艺术与自然的场所，充满自然健康元素的机会及自然景观等；第四，社会支持。包括提供用于社交的设施，可以享受人与物互动的空间；第五，尊重自我选择。确保选择的自由与机会，维护尊严及私密性，给予个人掌握的时间与空间的权利，可以拥有自我认同的第三场所，即可以逃避时间与自我的角落，从而给予使用者控制感等。

森林作为一种具有显著作用的疗愈环境，其治愈力量源自其多元的疗愈要素，如多样性的生物、茂密且种类繁多的树木、清新的空气、和煦的阳光、丰富的负氧离子、四季变化的色彩以及自然界的声音和气味，这些要素共同创造了一个理想的、有助于人们放松和恢复的森林空间。李法红等人（2008）研究表明植物色彩对人体身心健康会产生积极影响。适宜的温度、湿度和风速使人感到放松，从而提升积极情绪、缓解负面情绪。负氧离子被誉为“空气维生素”，对人体疾病有辅助治疗作用，可以改善睡眠（饶秀俊，2015），能够促进身体健康（宋清华，2016）。森林中良好的自然声景（如蝉鸣、鸟鸣、风吹落叶声、流水声等）给人带来舒适的听觉感受，有利于调节情绪，促进心理健康（吴丽华等，2009）。

人们在森林这一疗愈环境中漫步、休憩，能够显著降低压力水平，提高积极情绪和认知功能。树木释放的挥发性有机化合物对人体有益，能增强免疫系统，缓解焦虑。此外，森林中的自然美景和声音可以通过视觉和听觉刺激，促进心理放松和情绪平衡。因此，森林不仅是一种自然资源，更是一个宝贵的疗愈场所，为人们提供一种简单而有效且促进健康的方式，以自然的力量恢复心灵和身体的健康。

2.1.3 五感疗法理论

多感官疗法是通过营造灯光效果、实际的触感、放松的音乐和味觉刺激，为患者提供多感官刺激的治疗方法（Jenny et al.，2002）。基于多感官疗法的定义，江绪旺等人（2021）提出，将森林康养视角下的五感疗法定义为：在自由与受保护的环境中，以真实的触感、放松的音乐、植物芳香等为媒介，刺激个体视觉、听觉、嗅觉、触觉、味觉，并使个体得到身心放松，从而达到疗愈的目的。自由与受保护的空间概念常见于心理学领域，其具有物理和心理 2 个层面（黄小凡等，2019）。物理层面是指用于营造体验环境的五感（视觉、听觉、嗅觉、触觉、味觉）材料是参与者认同的，而不采用可能引起参与者感到不适的五感材料。

五感疗法基于多感官体验，是一种综合性的心理治疗方法，旨在促进个体对外界环境的深入感知和内在情感的调和。

视觉是人类最重要的感官，人们依赖视觉与外界交互信息，相比听觉、触觉、嗅觉和味觉，人们获取外界信息主要是通过视觉（占比：75%~83%）。当环境中绿视率达到25%时，人们置身于其中，可缓解视觉疲劳、精神疲劳及紧张情绪（张文英等，2009）。舒缓和愉悦的视觉元素有利于放松大脑，这些视觉元素包括自然风景、艺术作品、森林色彩等。

听觉是外界声音刺激作用于听觉器官而产生的感觉，音乐和自然声音等听觉刺激能有效减轻焦虑和抑郁症状，通过听觉疗法可以提供情绪调节和心理放松（Heather et al.，2010）。森林环境中的水流声、风吹树叶的沙沙声、蝉鸣鸟叫声等自然声景能够缓解人们的压力和紧张情绪（吴丽华等，2009）。

嗅觉是人感知环境的重要途径，空气的温度、湿度以及气味帮助人们感知四季的变化，此外，嗅觉也有助于人们分辨食物的种类与好坏、识别环境中是否存在危险等（Daniel et al.，2000）。嗅觉与记忆和情感的联系密切，嗅觉记忆是所有感官记忆中最持久的，嗅觉记忆所触发的情感反应往往比其他感官记忆触发的情感更为强烈，这种强烈的情感连接使得嗅觉记忆在情绪治疗中具有潜在的应用价值，如在缓解压力和焦虑方面。研究表明，木屑中含有的萜萜、柠檬萜等天然芳香物质成分具有稳定情绪、缓解压力的作用，杉树的挥发性物质具有杀菌、消炎的功效，此外，能够缓解人们心理上的紧张与疲劳（孙启祥等，2004）。

触觉是人们与外界物质接触产生的直观感受。Harumi 等人（2017）研究表明，与其他材料（大理石、瓷砖、不锈钢）相比，用手掌触摸木质材料更能增加副交感神经活动，更有助于人们身心放松。森林环境中拥有丰富的触觉元素，如各种的植物、石头、流水、风等。在森林康养过程中，人们通过接触森林的触觉材料，进而达到身心放松的效果。

味觉是食物在口腔内产生的一种感觉，作为人类最重要的感觉之一，会对人们的情绪产生影响（Jacob et al.，2001），潜在参与甚至决定性地影响了个体对世界的认知、判断与决策（Christina et al.，2016）。品尝森林中安全、可食用的果实、花草茶、泉水等，有助于人们深度连接自然，提升积极情绪。

五感疗法在森林康养活动过程中十分重要，不仅帮助人们更深度地与自然接触，也帮助人们更好地放松身心、缓解压力、消除焦虑等不良情绪。

2.2 森林环境与人体健康

纷乱嘈杂的城市环境，使人们在追求健康的路上日益认识到环境对健康的影响。越来越多的人走出家门，回到大自然的怀抱。人类漫长的发展历史，从森林走向平原，从原始走向现代，是一种渐渐脱离本源生存环境的过程。因此，当前人类身心健康问题或许跟人类与森林环境逐渐隔离具有因果关系。森林有着天然的生态环境、适宜的气候而成为理想的休养场所。森林里冬暖夏凉，气压变化稳定，葱绿的树冠散射出太阳的强烈光照，绿色的原野能消除眼睛的疲劳，使神经系统得以松弛，新陈代谢、血液循环及呼吸得到加强。因此，森林所具有的天然保健环境对维持人体健康有着重要意义。

2.2.1 森林环境

环境是指某一特定生物体或生物群体以外的空间，以及直接或间接影响该生物体或生物群体生存的一切事物的总和。环境总是针对某一特定主体或中心而言的，是一个相对的概念，离开了这个主体或中心也就无所谓环境，因此环境只具有相对的意义。

2.2.1.1 森林环境的概念

森林是以乔木为主体的生物群落，是集中的乔木与其他植物、动物、微生物和土壤之间相互依存、相互制约，并与环境相互影响，从而形成的一个生态系统的总体。由于森林占有一定的面积，其范围内的树木具有一定密度，因此这就形成了一个森林环境。森林环境是指森林生活空间（包括地上空间和地下空间）外界自然条件的总和，包括对森林有影响的种种自然环境条件以及生物有机体之间的相互作用和影响。森林环境直接影响着树木本身的生长发育。

2.2.1.2 森林的光环境

自古以来，人类总是崇拜太阳，因为太阳光包含了光谱中所有的光，能够起到疗愈作用。光作为森林中重要的生态因子，也是动植物必需的自然资源之一。地球上所有生物的生长、发育和繁殖所需的能量都直接或间接来自光能。光合作用是指由光而引起的电子迁移作用，通常，绿色植物（包括藻类）吸收光能，消耗水分和二氧化碳，把太阳能转化为化学能，制造氧气和有机化合物（金鹏等，2023）。森林中的树木等各类植物通过光合作用吸收二氧化碳、放出氧气，又通过呼吸作用吸收氧气、释放二氧化碳。光合作用制造的氧气比呼吸作用吸收的氧气多 20 倍，因此，森林堪比二氧化碳的消耗者、氧气的制造厂。

光对人体和植物的影响具有综合性，直接或间接影响温度、湿度等其他生态因子。在森林环境中，阳光通过枝叶的缝隙向地面进行照射，叶片有效阻挡了部分紫外线，使投射到地面的阳光强度适中，使得森林环境中的温度、相对湿度以及风速等都较为适宜。人体处于森林环境中时，可以使身心得到充分的放松，产生积极的影响，并从一定程度上提高了自身的健康水平。研究表明，在森林环境中，照度和亮度是影响人体舒适感的重要因素，在不同的光线环境下，树叶对阳光的过滤程度导致人体的舒适感不同（张嘉琦等，2020）。

2.2.1.3 森林的热环境

森林热环境与皮肤的感觉有关，人们通常认为森林环境有使天气温和的功能（Ishikawa et al.，1985），森林有调节小气候的作用。夏天，植物进行光合作用和蒸腾作用的速度比较快，能迅速将水分释放到空气中，水分的蒸腾作用带走热量，人在森林里就会感觉凉爽。据测定，在高温夏季，林地内的温度较非林地要低3~5℃。冬天，树木的光合作用和蒸腾作用变慢，热量很难散发出去，而且阳光直射进林间，也能使森林的温度升高，所以森林里又会比较暖和。森林不仅能调节自身的温度，对周边环境也能起到同样的作用。由于森林中树叶和土壤蒸腾及排放的原因，气温、热辐射和风速始终低于城市环境（李卿，2013），能够带给人一定的舒适感。

目前，森林热环境的研究中进行了很多相关物理因素的测量，如空气湿度、相对湿度、风速测量等，但是这些测量大多围绕监测植物和动物的生长环境，以此促进生物多样性的利用和保护，而不是为了研究森林环境对人体的舒适性功能，因此，当森林作为活动场所，与城市环境相比较时，森林热环境对人体舒适感的调节和影响，需要有更深入地研究和了解。

2.2.1.4 森林的声环境

森林的声环境主要以声景观为主，声景观的概念最早由加拿大作曲家 Murray Schafer 于 20 世纪 60 年代末提出，目的是促使人们对传统“听觉”行为进行再认识，它是声音和景观的复合词，相对“视觉景观”而言，是“听觉的景观”（吴颖娇和张邦俊，2004）。随着经济和社会的发展，人们对环境质量的要求越来越高，希望所处的环境中除了有美好的视觉景观外，还应该有良好的听觉景观。在森林环境中，声景观主要有阔叶林声景观、针叶林声景观、毛竹林声景观、灌木林声景观、小溪声景观、河流声景观、瀑布声景观 7 种类型，其声环境质量大小依次为小溪声景观、瀑布声景观、河水声景观、乔木林声景观和灌木林声景观（蔡学林等，2010）。研究表明，森林中的自然声音（如蝉鸣、流水等）给人以美的感觉，能够让我们心情愉悦。

（1）“1/f 波动”

声音是以波的形式传播的，而波是一种能量。按照功率谱密度变化与频率之间的关系，我们把自然界的波动大致分为三类：第一类是毫无规律、令人感到烦躁不安的“白噪声”，如电视机和收音机没有信号时所发出的沙沙声及各种背景噪音，此类噪声的功率谱密度平行于横轴，与频率无关，故称之为 1/f0 波动；第二类是完全刻板、令人感到单调乏味的“布朗噪声”，飞机内部的嗡嗡声，此类噪声的功率谱密度与 f2 成反比，故称之为 1/f2 波动；第三类是介于以上两者之间的波动（即不规则与规则处于恰到好处的调和状态），能给人带来和谐美感、愉悦放松的波动，其功率谱密度与频率 f 成反比，因而称之为 1/f 波动。

“1/f 波动理论”的创始人、日本著名物理学家武者利光教授指出：1/f 波动正是一种与人在安静、愉快时的心跳、脑波等周期性变化节律相吻合的波动，并与人的情绪、感觉密切相关，因而使人感到安全、舒适。如果我们给予相仿节奏的 1/f 刺激，人就能从中获得愉悦、满足，甚至生理节律的恢复和身心平衡等。同样在音乐胎教中，如能采用那些符合人体节律的1/f波动声音序列，将更加有利于胎儿的生长发育。

自然界的微风、山涧的溪流、森林中的鸟鸣、微风下的松涛、山涧的溪流声、燃烧的火苗以及脚下落叶沙沙作响声都是“1/f波动”，它与大家在愉快安静时的心跳、脑波等周期性变化节律相吻合，因而能够使人感到舒适、安全和满足。

“1/f波动”符合人体对刺激的反应规律，使人在接受刺激的过程中不容易感到恐惧和紧张，反而会有轻松甚至甜美的感觉，所以具有恢复生理节律和身心平衡的作用。

（2）森林是“天然的消声器”

从广义上说，噪声是指一切不需要的声音，也可以指振幅和频率杂乱、断续或统计上无规律的声振动。现代社会中，噪声对人们健康的危害以及对大脑引起的疲劳和破坏日益严重，因此，噪声已经被认为是一种严重的环境污染，被列为环境公害之一。

噪声对人体的认知能力有消极的影响，可使人产生烦恼、焦虑、愤怒、敌对、抑郁的感觉，使睡眠中的人易醒、记忆力下降、工作效率降低，甚至可塑造矛盾、情绪化、悲观的人格。森林如同一道绿色的“墙壁”，有着高大而厚实的树冠层，可以吸收和消除噪声，能消除或大大改善由于长期生活在噪音环境中所致的中枢神经和自主神经功能紊乱状况。森林面积越大，林带越宽，消除噪声的功能越强。研究表明，公园或片林可降低噪声5~40dB，比离声源同距离的空旷地自然衰减效果多5~25dB；汽车高音喇叭在穿过40m宽的草坪、灌木、乔木组成的多层次林带后，噪声可以消减10~20dB，比空旷地的自然衰减效果多4~8dB（黄海波，2017）。

2.2.1.5 森林色彩环境

古希腊医学之父希波克拉底曾提出，“颜色是人体和内心之间的桥梁”，视觉是最重要也是最直观的感受。我国医学界也早已将色彩理论应用于临床治疗和康复保健。每一种色彩都拥有自己的特殊能量。色彩的能量通过细胞吸收后从身体、情感和精神多个层面影响人的健康。而现代医学研究也认为，不同的颜色具有不同频率的光波，具有不同的能量，能对人体相应组织器官及心理状态产生独特的影响。一些医学实践也证明，色彩确实可以治病。1982年，美国加州一项研究显示，暴露在蓝色灯光下可以大大减轻罹患风湿性关节炎女性的痛苦；闪烁的红色灯光可以让剧烈的偏头痛得到缓解（马朝珉等，2011）。

森林中颜色丰富多样的花草、清澈的水体等色彩要素构成独特的森林景观，它们均会对人体心理健康产生影响，通过直接视觉刺激和间接联想对人的心理产生影响，进而影响人的情绪。森林与绿色相关的植被都可以给人安静感、祥和感、幸福感。当绿视率大于15%，人体对自然的感觉会增加，当达到25%时，人的精神尤为舒适，心理活动也会处于最佳状态。绿色具有提高工作效率的暗示作用，对完成创造性任务有积极作用。绿色的基调，结构复杂的森林，舒适的环境综合起来，人们在森林绿色视觉环境中游览，心理上会产生满足感、安逸感、活力感和舒适感。红色刺激神经系统，增加肾上腺素分泌，促进血液循环，有助于提高人的精神状态，改善懒惰和精神不振等。红色会给人以热烈、活泼、奔放的感受，比其他颜色更具强烈的情感暗示。高血压人群应尽可能减少在红色环境中的停留时间，否则血压会上升。黄色有助于提高人的注意力、记忆力及逻辑思维能力，对肝病患者的效果最为显著；对帮助人改善机体疲劳，缓解心理压力以及安抚不良情绪等方面也有着重要的作用。蓝色让人平静，脉搏跳动减慢、呼吸减慢、脑电波呈现冷静和放松状态。蓝色作为一种较温和的颜色，给人平和、清爽、安逸的感受，所以蓝色的植物能有效营造一种平静、温和的室内氛围，从而使人感到心平气和。蓝色还能调节体内平衡，有助于克服失眠，专家特别向月经周期紊乱和更年期的妇女推荐蓝色。白色对易动怒的人可起调节作用，有助于保持血压正常。但是对孤独症、抑郁症患者不宜运用过多白色。

2.2.2 森林环境对人体健康的重要影响因子

森林除了具有蓄水保土、调节气候、改善环境、提供林产品、保护野生动植物、美化生活等功能外，还具有医疗保健功能。森林浴作为森林康养最主要的活动形式之一，通过植物杀菌素、空气负离子和森林扰场对人体产生疗愈效果。

2.2.2.1 植物杀菌素

植物杀菌素的发现起源于20世纪30年代初。1930年，苏联列宁格勒大学的杜金博士研究发现，植物的花、叶、根、芽等组织的油腺会不断分泌出一种浓香的挥发性有机物，能杀死细菌和真菌，防止林木中的病虫危害和抑制杂草生长。他将这种挥发性有机物称之为“芬多精”，其字面含义为“植物杀菌素”。

森林中含有大量的植物杀菌素，对许多细菌和微生物具有杀灭作用。杀菌能力较强的树种主要有黑核桃、桉树、悬铃木、紫薇、柑橘等。树木分泌挥发性油类如丁香酚、天竺葵油、肉桂油、柠檬油等，能杀死伤寒、白喉、肺炎、结核等病菌，因而具有广泛杀灭病原体的功效。据测定，1亩[①]刺柏林一昼夜能分泌出2千克杀菌素，可杀死肺结核、伤寒、痢疾等病菌。白杨树、白皮松等的分泌物能杀死空气中的病毒及结核分枝杆菌，有效地预防流感。含有大肠杆菌的污水通过30米松林过滤后，病菌减少到原来的1/18。有林地带的杀菌能力比无林地带高3~7倍。部分植物杀菌素已能提取或人工合成，对多种病原菌都有较强的抑制作用。

植物杀菌素进入人体肺部以后，可杀死百日咳、白喉、痢疾、结核等病菌，起到消炎、利尿、加快呼吸器官纤毛运动的作用。如法国梧桐、泡桐、黄连木、木槿、栓皮栎、珍珠梅、杉树、桉树、松树等散发出的萜烯类气态物质最多，种植这些树种是净化大气、控制结核病发展蔓延、增进人体健康的有效措施。在污染的环境里，

① 1亩≈0.667公顷。

空气中散布着多种细菌和病毒，通常含有37种杆菌、26种球菌、20多种丝状菌和7种芽生菌以及各种病毒。据测定，大型超市、百货公司、电影院等公共场所空气含菌量可高达29700个/立方米，相反在人少树多的山区，空气中细菌的含量只有1046个/立方米，二者相比，相差47倍多。在一般情况下每立方米空气的含菌量，城市比绿化区多7倍。世界上许多国家的科学家经过多次试验验证，植物杀菌素对人体多个系统和器官的功能具有较为明确的积极作用，见表2-1。第一，对人体免疫系统方面，森林中产生的植物杀菌素可显著提高人体NK细胞活性。李卿等（2008）已经通过体内外实验研究证实：森林环境可以提高人体自然杀伤细胞（Natural Killer Cell，NK）活性，NK细胞数、淋巴细胞内抗癌蛋白水平，森林中产生的植物杀菌素可显著提高人体NK细胞活性；da. Silva等发现，在体内外实验中，花椒属植物漆树叶花椒 *Zanthoxylum rhoifolium* Lam 树叶的挥发油及某些萜烯（α-蛇麻烯、β-石竹烯、α-蒎烯、β-蒎烯）具有抗肿瘤功效及明显的免疫调节作用；Grassmann等发现松树上提取的精油具有抗氧化作用。第二，对皮肤系统具有一定的杀菌、抗炎、促进伤口愈合、除臭以及驱虫作用。第三，对呼吸系统具有抗过滤性病毒、发汗或解热、化痰作用。第四，对消化系统具有促进胆汁分泌、保肝护肝作用。第五，对肌肉与骨骼系统具有抗炎、抗风湿、舒缓肌肉组织等作用。第六，对神经系统具有刺激交感神经及副交感神经、振奋精神的作用。第七，对内分泌系统具有刺激肾上腺及甲状腺、抗糖尿病、降低血压、平衡各分泌系统之间作用。第八，对循环系统具有加速血液循环、淋巴循环的作用。第九，对女性生殖系统具有抗痉挛、调经、催乳、调整乳汁分泌、影响荷尔蒙分泌、强化子宫功能等作用。部分萜类化合物的生理功效见表2-1。

表2-1　萜类化合物的生理功效（吴楚材等，2006）

生物学性质	单萜烯	倍半萜烯	二萜烯	生物学性质	单萜烯	倍半萜烯	二萜烯
麻痹	★			祛痰	★		
强壮	★	★		降血压	★	★	★
镇痛		★		杀虫	★		
驱虫	★	★		刺激性	★	★	
抗菌	★	★	★	生长激素	★	★	★
抗痢疾		★		芳香	★	★	★
抗组胺	★			植物刺激	★	★	
抗炎性	★	★		止泻	★		★
抗风湿	★			镇静	★	★	
抗肿瘤	★	★	★	有毒		★	★
促进胆汁分泌		★		维生素			★
利尿	★						

注：★表示具有这种生理功效。

2.2.2.2 空气负离子

空气负离子也叫作负氧离子，在医学界享有“维他氧”“空气维生素”等美称，不过大气中原本没有负离子，而是受到某种因素的作用后才产生的。负离子由自然生成，主要有三种途径：第一，大气受紫外线、宇宙射线、放射物质、雷雨、风暴等因素的影响发生电离而产生负离子；第二，瀑布下落过程当中，周围潮湿的空气带负电，水分子分离后带正电，可产生大量的负离子；第三，森林的树木叶枝尖端放电及绿色植物光合作用形成的光电效应，使空气电离而产生的负离子。负离子是衡量空气质量的标准（表2-2），负离子高的地方，污染物浓度会降低，也是人们进入森林后觉得心旷神怡、呼吸通畅的原因。负离子进入人体肺部，更容易与血红蛋白结合，刺激一氧化氮合酶（NOS）的活性，促进血管扩张，改善血液流动，当身体暴露在富含负离子的环境中时，有助于增加血液中的血氧浓度、降低血压、改善心脏功能、增加心肌细胞的氧供减少心脏病发作、增强免疫细胞对疾病和病原体的抵抗力、改善情绪与睡眠并提升整体的心理幸福感。世界卫生组织规定：清新空气的负离子标准浓度为空气中不低于1000~1500个/立方厘米。相关研究证明，当负离子数少于25个/立方厘米时，人体生理活动将会发生障碍，出现头疼、头晕、烦躁、疲劳等感觉；当负离子含量达到10000个/立方厘米以上时，人体各种新陈代谢活动就会变得非常活跃；当负离子达到100000个/立方厘米以上时则可以起到防治疾病、健身益寿的作用。

表2-2 空气负（氧）离子浓度等级（《空气负（氧）离子浓度等级》QX/ T380—2017）

单位：个/立方厘米

等级	空气负（氧）离子浓度（N）	说明
Ⅰ级	$N \geq 1200$	浓度高，空气清新
Ⅱ级	$500 \leq N < 1200$	浓度较高，空气较清新
Ⅲ级	$100 \leq N < 500$	浓度中，空气一般
Ⅳ级	$0 < N < 100$	浓度低，空气不够清新

（1）负离子具有除尘、消烟、抑菌作用

负离子由于增加了一个外层电子，获得负电荷。清华大学教授、博士生导师林金明在其所著的《环境、健康与负离子》一书中强调：因小粒径负离子获得了多余的电子而呈现负电性，便可以与空气中的漂浮的$PM_{2.5}$、有害气体、气溶胶（均带正电荷）正负相吸，使其产降到地面上，从而起到净化空气的效果，不再对人体造成危害。

美国环境保护署（EPA）认为最有害于人体健康的是直径小于5微米的尘埃（又称可吸入尘），它们能通过呼吸直接进入人体血液。美国环境保护署的专家曾利用空气污染测定器测量空气质量，出乎意料的是，平均粉尘浓度最密的地方，既不在街道，也不在工厂，而是在城市居民家中。

空气环境中的尘埃，粗的灰尘（颗粒直径大于 10 微米的称为降尘）会自由下降，由于人鼻黏膜和鼻毛的作用较难进入人体。另一种细小的灰尘（颗粒直径小于 10 微米的称为飘尘），其每立方米中有几十万至几百万颗，这些飘尘伴着细菌、病毒、有害气体呈正电荷在空气中长期飘浮，人的鼻腔一般无法过滤这种微粒尘埃，每呼吸一次就有成千上万的微粒进入人体内，成为危害人们健康的无形杀手。这些超细颗粒，利用一般机械设备很难滤除。而空气负离子对捕获这些有害物质有着特殊的本领，粒度越小，捕获效率相对越高。

（2）负离子能改善呼吸功能

负离子能改善肺功能，吸入负离子 30 分钟后，肺吸收氧气增加 20%，排出二氧化碳约增加 14.5%。P. Cboulatov 总结了过去 35 年的实验，包括用高浓度负离子治疗了 3000 余个支气管哮喘患者的数据分析得出，患者血象趋于正常，改善了呼吸功能，减少了哮喘的深度与频率（金宗哲，2006）。

（3）负离子能改善心血管系统功能

负离子可促进血液循环，改善冠状动脉血流，有明显的降压作用，改善心肌功能，增加心肌营养，使呼吸频次降低，脉搏均匀。

（4）负离子对脑神经的影响

脑神经细胞的兴奋与 Na^{+}离子引起的电位变化有关。实验证实，产生负离子的材料可提高人的睡眠效果，也可改善慢性获得性进行性智能障碍综合征症状。有研究者在实验中观察到室内负离子会增加脑电波中的 α 波。

（5）负离子的抗氧化功能——防衰老与长寿

强氧化功能自由基可破坏人体细胞及 DNA，导致人体衰老，在空气或人体内增加负离子时，相应地减少自由基，可延缓衰老，并使人类健康长寿。中医学早在 2000 多年前就提出“天人相应”的观点，认为人的生命活动有赖于体内气血的推动。古人所说的气，今天来看主要是指新鲜空气中的氧气和负离子，人吸收氧气要有负离子来协助，人体在吸入充足的负离子后，增加氧气吸收，气血变得充盈、流畅，促进新陈代谢，增强肌体的免疫力。对老年病、慢性病，各种疼痛和神经、精神系统疾病的预防与康复将有非常积极的作用，使人健康长寿。

如果空气中含过量的正离子或太少的负离子（少于 800 个/立方厘米），进入人体会刺激血液中血小板产生 5-羟色胺，并通过循环系统运输到机体各组织，5-羟色胺会阻止氧的吸收，从而出现的典型症状包括疲倦、头晕、偏头痛、注意力涣散、沮丧和呼吸急促等，而含有负离子 1200 个/立方厘米的空气进入人体则能抵消这种症状。负离子通过口鼻或直接通过皮肤进入机体，能引起 5-羟色胺分解成无毒的副产物 5-羟吲哚基乙酸，这一副产物经过排尿排出体外，从而消除其对人体的危害。

当负离子进入人体后，还能引起一系列良性反应。最明显的有：第一，激活细胞生命力、最大限度发挥各器官生理机能，修复受损机体等，如人体内细胞生长所需的去氧核酸与核糖核酸结合，就需要大量负离子，第二，对人体有调节中枢神经系统活动、改善冠状动脉血流的功能，它还可促进支气管纤毛运动；第三，防治呼吸系统的疾病并改善其症状；第四，调节荷尔蒙分泌及细胞电位，促进内分泌及新陈代谢，提高免疫功能与抵抗疾病能力；第五，还具有消除紧张、镇静、清醒作用，可提高办公效率。医学实践表明，负离子能促进人体生长发育和防止多种疾病，它是人类健康、长寿的必要因素。

根据传统中医理论，人在泥地上更容易吸收地气。以达到人体的阴阳平衡，我国古代医学非常重视人与自然环境之间的和谐。我国现存最早的一部经典医籍《黄帝内经》中就提到“人与天地相参也，与日月相应也”，阐明了作为万物之一的人，决不能脱离自然界而生活，决不能脱离土地而生存，地气对人类产生重要影响，而经常接触森林的地气对人类的健康更会产生巨大影响。

2.2.2.3 森林电扰场

《场导论》指出“一切生物体在其生命过程中形成生物场，载有该生物活力信息，能向生物体外传播，并能使生物场所及范围内的其他生物体受其影响，发生形态功能的变化”（夏忠弟等，2000）。生物场导就是发现了生物在生长发育过程中，发生新陈代谢与基因活动的同时，会发射载有信息的电磁波，即生物电磁波。生物电磁波不仅能在生物体内传播，还能发射出体外，与生物周围形成生物电磁波，称为生物电磁场。无论是植物、动物或人体，凡是有生命的生物体，每时每刻都在发射微波波段的电磁波，只不过功率太微小（微瓦水准），仅相当于一个手电筒灯泡发出的能量的几百万分之一，所以长时期没有被人发现。从遥感技术获得的数据看，森林植被释放一定频率的电磁波。森林电磁波主要在太赫兹波范围内，特别是有大量的红外线与远红外线。人体也在释放这一类型的太赫兹波、红外线和远红外线。而且，森林电磁波和人体电磁波具有很大的重叠性。就像植物中药释放的电磁波可以调理人体能量缺陷一样，植物中药释放的电磁波信息，会影响或控制人体的活动，使人体电磁波和植物中药电磁波达到同频共振，改变人体生理特征。森林电磁波使得森林成为一种特殊的能量库。森林中的旅游者、度假者和康养者在这一特殊的生态环境中，通过森林电磁波和人体电磁波之间的同频共振，矫正人体能量场的偏差。从而逆转人体亚健康和慢性疾病。

2.2.3 相关实证研究

舒适宜人的森林环境可以在一定程度上调节人体激素平衡，降低人体应激激素（肾上腺素、促肾上腺皮质激素、糖皮质激素、血管紧张素等），促进脂联素、硫酸脱氢表雄酮（DHEA-s）等分泌，达到保持或促进健康的作用，森林对人体健康的主要作用有：缓解抑郁和焦虑（情绪障碍和压力）；缓解心血管系统（高血压/冠心病）疾病；缓解呼吸系统（过敏和呼吸系统疾病）疾病；缓解免疫系统功能（增加自然杀伤细胞/预防癌症）疾病；调节神经系统功能；精神放松（注意缺陷/多动障碍）（Hansen et al.，2017）。森林环境与人体健康相关实证研究典型文献详见本书数字资源部分。

2.3 中华传统养生康复理论

森林环境被称为“天然氧吧”，越来越多的现代研究证明森林环境对于人体健康有着显著的益处。我国传统养生康复理论注重内外环境的协调及人体自身内在的调整，在中医基本理论指导下，利用良好的自然环境开展养生康复活动能够获得更好的体验效果。

2.3.1 中华传统养生康复相关理论

我国传统养生康复以“天人相应”“形神合一”为其理论核心。中医认为，天地人三者是一个统一的整体，彼此不可分割，即“天地合气，命之曰人”，人是自然和社会环境的一员，环境的变化与人体生理病理有着密切联系，在实施养生、疾病治疗及康复行为时，不仅着眼于人本身，更要重视人与自然、社会环境的相互联系。养生要“法于阴阳，和于术数”，《黄帝内经·灵枢·本神》曰：“故智者之养生也，必顺四时而适寒暑，和喜怒而安居处，节阴阳而调刚柔，如是则僻邪不至，长生久视。”即养生应顺应自然四时寒暑的变化、调摄情志、饮食有节、起居有常、不妄作劳故能形与神俱，而尽终其天年，度百岁乃去。

2.3.1.1 天人相应

“天人相应”是指人生于天地之间，一切生命活动都与大自然息息相关，互相感应互为映照，人与自然界保持和谐一致，才能获得良好的养生康复效果。《黄帝内经·灵枢·邪客》曰：“此人与天地相应者也。”意思是在预防及诊治疾病时，必须注意因时、因地、因人制宜，注意自然环境及阴阳、四时、气候等诸因素对健康与疾病的关系及其影响。

2.3.1.2 形神合一

“形神合一”是精神与形体的和谐统一。嵇康《养生论》指出“形恃神以立，神须形以存”。正常的精神意识、情绪变化必须以健康的身体为基础；同时精神情志也影响着人体的生理活动，甚至形体发育。《黄帝内经·素问·上古天真论》曰：“形与神俱，而尽终其天年。”强调养生应保持精神与形体的和谐统一，避免不良精神刺激对人体的影响，从而达到“形与神具”的健康状态。

2.3.1.3 权衡以平

“权衡以平”是指世间万物的理想状态为一种相对稳定的动态平衡。人体的这种理想状态是通过“人神”的自动调节而得以实现。正常情况下，顺应天地阴阳变化，主动地进行调节以维持人体的健康状态；一旦出现偏盛偏衰的征兆，及时施以相应的调节手段，以恢复人体的健康状态。

2.3.1.4 审因施养

“审因施养”要求养生康复具有针对性，健康长寿不能通过一个模式来实现。强调从三因制宜着手，主动采取适宜的方法来顺应天、地、人具体情况，根据影响因素，有针对性地应用不同养生康复方法，减少不良因素对机体的影响，从而达到益寿延年的目的。

2.3.1.5 治未病

“治未病”是养生康复的一条重要原则，强调预防疾病的发生、发展，是延年益寿的关键环节，其主要思想为：未病先防，既病防变和病后康复。朱丹溪《丹溪心法·不治已病治未病》提出：“与其救疗于有疾之后，不若摄养于无疾之先”阐释了及早察觉已出现的或可能出现的健康不利因素，及时采取相应的养生康复措施，防患于未然，从而维持人体的健康状态。

2.3.2 中华传统养生康复常用方法

我国传统养生康复将健康指导渗入生活的点滴，为人们的生命健康保驾护航，采用的手段和方法极为丰富，同时具有简便易行、经济实惠、疗效明显等特点。具体方法包括精神养生、饮食养生、起居养生、传统运动养生、针灸推拿养生、雅趣养生、沐浴养生等。

2.3.2.1 精神养生

精神养生又称“情志养生”。中医认为：人有喜、怒、悲（忧）、思、恐（惊）的情志变化，亦称“七情五志”。其中，喜、怒、思、悲、恐为五志，五志与五脏有着密切关系，“心在志为喜、肝在志为怒、脾在志为思、肺在志为忧、肾在志为恐”，故情志是重要的致病因素，调畅情志也被认为是养生的首要内容。

精神养生的核心理念是通过调节情绪、精神状态和思维模式，达到身心和谐、健康长寿的目的。精神养生的关键在于保持内心的清静。清静的内心能够使人神安，进而促进五脏六腑的正常功能，使气机调畅、精气充盛。因此，我们应该学会调整自己的情绪，避免过度的烦躁和焦虑，保持平和的心态。

积极调整负面情绪也是精神养生的重要一环。我们应该面对和接受自己的情绪，积极寻找解决问题的方法，而不是沉溺于负面情绪中无法自拔。同时，加强休养、磨炼意志、学会排解和自我肯定也是避免极端不良情绪影响身心健康的有效方法。

精神养生还应顺应四时变化，根据自然阴阳消长的规律来调整自己的心理状态。在不同的季节，人的情志应当适应自然界的变化，如春季思维活跃、情志舒展畅达，夏季神情旺盛饱满、情志充实愉悦，秋季思想平和稳定、精神收敛静谧，冬季思想含蓄恬静、精神伏匿若藏。

适时调神是精神养生的核心。根据不同的情境和季节变化，及时调整自己的心理状态，保持平和、愉悦的心情，从而达到身心健康、长寿的目的。同时，我们也可以通过各种方式来提升自己的精神修养，如阅读、冥想、艺术欣赏等，使自己的生活更加充实和有意义。

2.3.2.2 饮食养生

饮食养生即“食养”，是根据食物的特性，合理选择和加工利用食物，以滋养精气、维护健康、延年益寿的方法。《素问·藏气法时论》提出：“五谷为养，五果为助，五畜为益，五菜为充，气味合而服之，以补精益气。”合理选择各类食物，再配以调味品丰富饮食口味，以达到机体营养调节及疾病预防的目的。饮食养生还应根据四时季节选用相应食材以应时养脏。食养适用于所有人群。本部分拓展阅读资料详见本书数字资源部分。

（1）五谷为养

“五谷”包含粮谷，如大米、小米、小麦、高粱及玉米等；薯类，如马铃薯、红薯等；豆类，如黄豆、蚕豆、绿豆、红豆、豇豆等，是我国人民的主要食物。五谷不仅为人体提供营养，还具有调养脾胃及补气的作用。现代营养学也认为，五谷作为主食，是维持人体健康的重要食材，五谷的摄入应注意粗细搭配，摄入适量，以维持营养平衡。

（2）五菜为充

“五菜”即蔬菜，是人们膳食结构中不能缺少的重要食品之一。根据其结构性状和可食用部位不同，分为：叶菜类，如白菜、菠菜、韭菜等；根茎类，如萝卜、土豆、莲藕等；瓜果类，如黄瓜、冬瓜、茄子等；花菜及食用菌类，如黄花菜、木耳、香菇等。蔬菜富含维生素、矿物质、膳食纤维等营养素，有助于增强食欲、帮助消化、预防疾病、维持身体的阴阳平衡，是人们必不可少的食物之一。

（3）五果为助

“五果”包含了水果和坚果。水果类：如柑橘、柠檬、草莓、山楂、鲜枣等富含维生素 C；苹果、香蕉等富含纤维素、维生素、有机酸、果胶和矿物质，可以刺激消化液分泌，促进胃肠蠕动，减少有害物吸收和防止便秘。坚果类蛋白质、油脂、矿物质、维生素含量较高，具有促进人体生长发育、增强体质、预防疾病等功效，对癌症、心血管病有预防和治疗作用，同时还可明目健脑、美容养颜。

（4）五畜为益

“五畜”包含了所有动物源性食物，如禽畜、海鲜、蛋、奶及其制品等。不同的肉类具有不同的食养作用。肉类食物中富含蛋白质，且其中的必需氨基酸含量和利用率均高。奶类、鱼类及其制品为优质蛋白、矿物质和脂溶性维生素的良好来源。奶类还是极好的钙来源，不仅含钙量丰富，而且吸收、利用程度均高。奶蛋类一般味甘性平，多用于阴血亏虚、脾肾不足引起的消渴、燥咳、呃逆等，适合长期调补之用。

（5）调味品的应用

调味品可在烹调中调和五味，具有增进食欲、促进消化、去腥解毒之功效。一般用量不宜多。

（6）四时食养

我们还要根据四时季节的时序规律来进行饮食养生，《饮膳正要·四时所宜》中“春气温，宜食麦，以凉之……；夏气热，宜食菽，以寒之……；秋气燥，宜食麻，以润其燥……；冬气寒，宜食黍，以热性治其寒……”阐明了四时食养原则。即春夏阳盛，宜食寒凉以制其阳；秋冬阴盛，宜食温热以制其阴；春夏调理肝心；秋冬调理肺肾。

（7）药食养生

“药食同源”（又称为“医食同源”）理论认为：许多食物在具有营养价值的同时，也具有药用功效，同样具有防治疾病的作用。所以了解食物的药性是养生的重要基础。

唐朝时期的《黄帝内经太素》一书曾写道“空腹食之为食物，患者食之为药物”，反映出“药食同源”的思想。《黄帝内经》中也有“大毒治病，十去其六；常毒治病，十去其七；小毒治病，十去其八；无毒治病，十去其九。谷肉果菜，食养尽之”，说的就是食疗对于疾病的祛除作用。

中医药文化博大精深，中药种类繁多，其中不乏一些既可以入药，又可以作为食物使用的药食两用品种。药食同源的理念深入人心，是中华养生文化的一大特色。

2.3.2.3 起居养生

（1）起居有常

起居有常主要是指起卧作息和日常生活的各个方面有一定的规律，并合乎自然界和人体的生理规律。这是强身健体、延年益寿的重要原则。起居有常是调养神气的重要法则，能使人精力充沛，生命力旺盛。

有规律的起居，就是在适当的时候做适当的事，这是符合自然变化规律的行为方式，是天人相应在生活中的体现，要顺应而不可违逆。

起居作息有规律以及保持良好的生活习惯，是保持人体健康、延缓衰老的重要因素。这些良好的生活习惯可以帮助人体适应自然环境，增强抵抗力，降低患病风险，从而有助于实现健康长寿的目标。

（2）合理睡眠

睡眠对人体健康极其重要。人的一生，大约有三分之一以上时间都在睡眠中度过，优质的睡眠可以消除疲劳，利于精力的恢复。所以，拥有良好睡眠可以达到强身益寿、防病治病的功效。

①睡眠时间。睡眠时间要根据不同的年龄和身体状况因人而异地进行调整和安排。一般来说，刚出生的婴儿睡眠时间多达 18~20 小时；学龄儿童的睡眠时间在 9~10小时；青春期的少年睡眠时间在 8 小时左右；老年人睡眠时间在 7~9 小时。但睡眠时间长短因人而异，不能一概而论，以醒后人体感到舒适、头脑清醒、精力充沛为宜。

②睡眠姿势。在睡眠姿势方面也因人而异。中医养生主张“卧如弓”。这是一种对人体有益的卧姿。根据人体生理结构，右侧卧位时，心脏受到的压力相对较小，这有助于血液循环，从而可能增加心排血量。此外，这种姿势还有助于食物的消化和营养物质的代谢。因此，对于一般人群来说，右侧屈膝卧位是最佳睡眠姿势。但对于孕妇的卧位而言，早期以右卧、仰卧为宜，中后期则取左卧位为宜。

③卧具选择。枕头不宜太硬，应选择稍有弹性，高低适度的枕头，枕头太硬会使人的头颈部血流不畅，太高使颈椎处于过度弯曲状态，时间长了会影响脊柱健康，诱发脑缺氧、打鼾和落枕等问题，太低会使头部充血，醒后易感头胀头痛、面目浮肿、周身不适。

中医有使用药枕养生康复的习惯。药枕是采用不同的药物加工制成枕芯做成的枕头。

④睡眠宜忌。古人有“睡眠十忌”：一忌仰卧；二忌忧虑；三忌睡前恼怒；四忌睡前进食；五忌睡卧言语；六忌睡卧对灯光；七忌睡时张口；八忌夜卧覆首；九忌卧处当风；十忌睡中忍便。这在当今仍值得借鉴。

⑤常用助眠方法。自我调节：获得优质睡眠的关键在于学会自我调节心神，心神安宁是拥有高质量睡眠的前提。可用冥想或自我催眠诱导入睡等方法。

饮食安神：睡前可以食用少量有助于睡眠的食物，如牛奶、酸枣仁、蜂蜜、核桃、大枣、苹果、香蕉、桂圆、莲子、百合等。

音乐安神：音乐用于帮助睡眠，自古有之。睡前宜选择舒缓的轻音乐或自然界中各种声音，如丛林中风鸣鸟叫、海浪缓慢拍打沙滩的声音等，注意以较低的分贝收听，听的过程中随着音乐的节律自我调节呼吸的节律，逐渐放缓，从而降低机体代谢率，以达到助眠的效果。

香薰入眠：在专业人士指导下，选择适宜的香薰，以催人入眠。

（3）衣着适宜

衣着既要顺应四时阴阳的变化又要舒适得体。春季多风，秋季偏燥，故制装时选择透气性和吸湿性适中的衣料为宜；夏季气候炎热，服装材料宜选用降温、通透性好的材质，以利于体热和汗水的散发，如真丝、棉麻类衣料；冬季气候寒冷，服装要达到防寒保温的效果，宜选择织物厚、透气性小和保温性良好的深色材料。

随着人们生活水平的提高，对衣装的要求越来越高，不仅要穿着舒适、款式新颖，更要求有益健康。衣着寒暖要根据气候的变化不断调节。一般地说，夏季衣着宜少而薄，冬季宜多而厚，以应气候寒暑之变。

衣服切记不可急穿急脱、忽热忽冷。“春捂秋冻”之说就是指春天天气刚转暖，不要急于脱减衣服，而秋季气温刚转凉，也不要立即穿上厚秋装，这对健康是有益的。但要注意，这种“捂”和“冻”是有一定限度的，若“捂”或“冻”得太过，超过了机体的承受能力，同样也会导致疾病。另外，在天气较热或活动以后，汗出得较多，此时不宜马上脱去衣服。因为出汗后汗孔开张，骤然脱衣，易受风寒之邪侵袭而致病。特别是老人和身体虚弱的人，由于对寒热的耐受性较差，所以应当尽量注意慎于脱衣，以免风寒暑湿入侵，特别注意出汗之后和大汗之时忌当风脱衣。

2.3.2.4 传统运动养生

传统运动养生，是在遵循生命自然规律基础上，通过中国传统运动的方式来疏通筋络气血、和畅精神情志、改善脏腑功能、培育元真之气，从而达到调摄身心、延年益寿的养生方法。是中华传统文化中独具特色的养生方法，具有动静结合、刚柔相济、形神共养等特点。传统运动养生既能锻炼外在肌肉、骨骼以健骨柔筋，又能调摄内在意念和气机以宁神和络。

（1）太极拳

太极拳是我国最具特色的传统运动养生功法，亦是中华传统文化的形体语言，其历史源远流长。太极拳之所以名为太极，是因为取法于《易经》阴阳动静之理，盈虚消长之机。太极拳运拳作势，圆活如环之无端，循环往复，每一拳式都蕴含“虚与实”“开与合”“柔与刚”“圆与方”“卷与放”“慢与快”“轻与沉”等阴阳变化之道，并且在运动中有上下、里外、左右、进退和大小等对立统一、圆活一致的太极之理。太极拳通过形体导引，将意、气、形合成一体，使人体经络气血畅通、脏腑机能旺盛、精神和悦，从而达到健康状态。

（2）八段锦

早在北宋期间八段锦就广泛流传于世，明代以后，许多养生著作中都有关于该功法的记述。八段锦有“文八段”（坐式）和“武八段”（立式）之分，立式八段锦更便于习练，流传更广。清末《新出保身图说·八段锦》将八段锦的功法特点及功效总结为歌诀形式：“两手托天理三焦，左右开弓似射雕；调理脾胃须单举，五劳七伤往后瞧；摇头摆尾去心火，两手攀足固肾腰；攥拳怒目增气力，背后七颠百病消。”八段锦以脏腑分纲，具有调整脏腑机能之效。

（3）五禽戏

五禽戏有着悠久的历史。该功法是通过模仿五种动物（虎、鹿、熊、猿、鸟）

的动作而编创的。模仿动物的功法出现在汉代之前，到了东汉时期，华佗将以前记载的功法进行系统总结，组合成套，并且通过口授身传的方式进行传播。南北朝时期，陶弘景的《养性延命录》才有了此功法的文字记录。五禽戏通过模仿不同动物的气势及形态动作，结合意念活动，可以起到舒筋通络，灵活肢体关节，强健脏腑的作用。

（4）易筋经

易筋经在宋元以前仅流传于少林寺众僧之中，自明清以后才开始流传于民间。“易”指变易、改变；“筋”指筋肉、经筋；“经”指规范、方法。此功法按照人体十二经脉与任督二脉之循行进行练习，锻炼时气脉流注合度，流畅无滞。练习过程中重视姿势、呼吸、意念的结合。通过改变身形之筋脉肉骨，进而改变全身气血精髓等，从而达到强筋健骨、和畅经脉、壮实肌肉、充沛精力、增强体质、延年益寿的目的。

（5）六字诀

六字诀，又名六字气诀，是以呼吸、吐纳、发音为主要手段的传统运动养生功法。六字诀在功法上以中医五行五脏学说为理论基础，明确规范呼吸的口型及发音，肢体的动作导引和意念导引遵循的经络循行规律。六字与脏腑配属为：“呬属肺金，吹属肾水，嘘属肝木，呵属心火，呼属脾土，嘻属三焦。”通过发音来引动相应脏腑之气机，共同起到调整脏腑功能、畅通气血经络的功效。

（6）形神桩

形神桩是现代较为流行的传统运动养生功法。“形”指形体；“神”指意识；“桩”指动作姿势。此功法就是将形与神相合在一起锻炼的功夫。要求人们在练功过程中，意识完全集中于运动中的形体及与之相关的部位，让意念逐渐渗透到形体的皮肉筋脉骨骼组织中去，达到形、气、神三者相融，从而起到和畅经脉、健美身形、祛病强身的功效。

（7）放松功

放松功是现代在继承古人静坐意守之法的基础上发展起来的一种传统运动养生功法，属于静功的一种。放松功既可以作为一种养生保健功法，又可以作为其他锻炼功法入静的基础。该功法注重锻炼过程中精神内守，意导气行，并且与均匀细长的呼吸相配合，有节奏地依次注意身体相应部位，逐步地放松各部位肌肉、骨骼，最终把全身调整到自然、舒适、轻松的状态。通过该功法的锻炼，能够较好地排除杂念，专注当下，起到宁心安神作用。

2.3.2.5 针灸推拿养生

针灸推拿是我国传统养生康复中极具特色的方法，以中医经络学说为基础，通过刺激腧穴、调整经络气血的方式来激发营卫气血的运行，从而和阴阳、养脏腑，以达到增强体质、防病治病、延年益寿目的的养生方法。

（1）针刺养生

针刺养生是运用针具对特定穴位，施以不同手法，激发经络功能，从而达到疏通经络、调畅气血、增强体质、延年益寿目的的养生方法。针刺养生与针刺疗疾有所区别，选穴以保健穴为主。

①针刺养生作用。疏通经络，和畅气血：针刺的作用首先在于“通”。只有经络畅通，气血和畅，人体各部分才能够密切联系，共同完成生命活动，维持人体健康状态。

调理虚实，平衡脏腑：针刺养生应根据个体情况，虚则补之，实则泻之，做到补泻得宜，才可使弱者变强，盛者平和，阴阳平衡，健康长寿。

谐和阴阳，延年益寿：针刺可以通经络、调气血，使机体内外交通、营卫周流、阴阳和谐，从而达到养生保健、延年益寿的目的。

现代研究表明，针刺强壮穴位能够促进机体新陈代谢和提高机体抗病能力。针灸具有明显促进机体康复的作用，对于运动系统，神经系统，内分泌系统以及循环、呼吸、消化等系统的养生康复均有良好的作用。

②针刺养生注意事项。根据不同的养生需求选择不同的腧穴，选穴不可过多。手法和缓，刺激强度适中。空腹、过饱、惧怕针刺者及孕妇腰骶部不宜针刺。出现晕针、滞针、折针、弯针等应及时处理。

（2）艾灸养生

艾灸养生也称为保健灸，是指用艾条或艾炷在身体特定穴位施灸，从而达到调经络、和气血、养脏腑、延年益寿的目的。艾灸法可分为艾炷灸、艾条灸和温针灸三种方法。灸法安全可靠，易学易用，疗效确切。艾灸养生是我国独特的养生康复方法之一，既可用于强身保健，还可用于久病体虚之人的调养。

①艾灸养生作用。温通经脉，行气活血：气血运行具有得温则行，遇寒则凝的特点，艾灸其性温热，能够温通经络，促使气血运行。

培补元气，预防保健：艾为辛温阳热之药，以火助之，灸法具补阳壮阳、培补元气之功，《扁鹊心书》将其称之为“保命第一要法”。

健脾益胃，培补后天：灸法具有明显的强壮脾胃作用，如在中脘穴施灸，可以补中益气，温运脾阳。常灸足三里，能使消化系统功能旺盛，促进人体对营养物质的吸收，用以濡养全身，从而达到防病治病、延缓衰老的功效。

升举阳气，密固肌表：灸法具有密固肌肤、调和营卫、抵御外邪、升举阳气之功效，用于卫阳不固，气虚下陷。

现代研究表明，艾灸对免疫功能具有双向调节作用，能够调节细胞免疫、体液免疫，延缓胸腺萎缩。动物实验研究发现，灸神阙可以显著升高 T 淋巴细胞数量，增加免疫球蛋白含量。艾灸可明显提高血清上皮生长因子含量，促进组织细胞生长，从而改善新陈代谢，抗衰防老。

②艾灸养生注意事项。阴虚阳亢患者、邪热内炽患者禁施灸法。颜面、五官，有大血管部位以及孕妇腰骶部、腹部及阴部，不宜施灸。注意顺序，一般先灸上部，后灸下部，先灸阳部，后灸阴部。一般每穴灸 2～3 壮，即具补益功效，不宜过多。施灸时严格操作，避免烧伤、烫伤及火灾发生。

（3）推拿养生

推拿养生是指通过各种手法刺激体表的经络或腧穴，达到疏通经络、调整脏腑、调畅气血、防病治病、促进病体康复的功效。该方法简便易行、防治结合、效果安全可靠。推拿介质宜根据季节结合顾客的具体情况合理选用，如精油、搽剂、按摩乳、姜汁、香油等。精油现在应用广泛，可以直接作为介质，也可加入其他介质中。

①推拿养生作用。疏通经络，行气活血：推拿按摩多是循经取穴，按摩刺激相应的穴位，从而推动经络气血的运行，以达到疏通经络、畅通气血、防病强身的目的。

通畅气血，调和营卫：推拿循经络、按穴位，以柔软、轻和之力于人体施术，通过经络传导来调节全身机能，调和营卫气血，调整失衡的人体阴阳而达到强身健体、预防疾病的目的。

培补元气，益寿延年：唐代著名医家孙思邈《备急千金要方·养性·按摩法》说：“……老人日别能依此三遍者，一月后百病除，行及奔马，补益延年……”明确了推拿按摩补益元气、延年益寿的作用。

调理脏腑，强化功能：推拿经络腧穴，可强化脏腑功能。通过对不同部位的推拿，可以调畅脏腑气机，加强心主血脉的功能，脾主运化的功能和肺主宣发肃的功能，促进肝主疏泄以及肾藏精的功能。

现代研究表明，推拿能加速血液循环，促进新陈代谢。推拿手法的机械刺激，将机械能转化为热能，可提高局部组织温度，促进毛细血管扩张，降低血液黏滞性，降低血管阻力，减轻心脏负荷，改善血液循环和淋巴循环，从而达到防治心血管疾病的功效。推拿还可以刺激末梢神经，改善血液循环、淋巴循环及组织间的代谢过程，以协调各组织器官功能，从而提高机体的新陈代谢水平。推拿可以调节免疫、增强机体抗病力，还具有抗炎、退热等功效。

②推拿养生注意事项。取穴准确，手法正确。推拿手法次数要由少到多，推拿力度由轻逐渐加重，推拿穴位由少到多逐渐增加。推拿后有出汗现象，注意避风，防止感冒。

（4）拔罐养生

拔罐养生是指以罐为工具，利用燃烧、抽气，形成罐内负压，使罐吸附于施术部位，形成局部充血或瘀血，从而达到强壮身体、防病治病目的的养生方法。拔罐疗法古称“角法”，深受我国百姓喜爱，此法具有操作简便、取材容易、见效快、安全可靠的特点。人体十二皮部与脏腑经络密切联系，运用该法刺激皮部，通过经络而达脏腑，可以通经活络、调整脏腑功能，在养生保健、调理亚健康、美容塑身等方面均有很好的效果。

①拔罐养生作用。疏经通络：经络是人体气血运行的通路。拔罐疏通经络，能激发和调整经气，并通过经络系统影响其所络属之脏腑功能，达到百脉疏通，五脏安和的作用。

行气活血：气血是人体生命活动的物质基础。拔罐法通过对人体局部的负压和温热刺激，引起局部组织充血及皮下轻微瘀血，促使施术部位的经络畅通，气血旺盛，具有通畅气血、调和气血的作用。

祛风散寒：拔罐通过吸拔作用，能排吸出风邪、寒邪、湿邪以及瘀血，从而达到畅通经络气血、扶正祛邪、提高机体抗病能力的作用。

现代研究表明，拔罐可以增强白细胞的吞噬功能，对体液免疫有双向调节作用，可增强机体免疫力。拔罐产生的机械刺激，使局部毛细血管破裂，血管通透性发生变化，导致瘀血现象发生，对机体产生良性刺激，可促使体内代谢物排出体外，改善缺氧，促进机体康复。拔罐时产生的负压刺激及温热刺激，可通过皮肤感受器传导至中枢神经系统，调节大脑皮层的兴奋中枢与抑制中枢，使之趋于平衡，从而达到恢复机体健康的作用。

②拔罐养生注意事项。根据不同的养生需求选用不同的部位、适宜的罐具以及拔罐的方法。注意避免烫伤，若发生烫伤或留罐时间太长致皮肤起水泡，应及时处理。拔罐时间因人而异，体质较虚弱者每隔2~3天拔罐一次。连续拔罐的情况，应注意轮换拔罐部位。操作时注意观察，如有晕罐等情况，及时处理。

以下情况禁用拔罐养生：皮肤严重过敏或患有疥疮等传染性疾病；重度心脏病、心力衰竭、有出血倾向、呼吸衰竭、肺结核活动期及严重水肿；全身抽搐痉挛、重度神经质、狂躁不安、不合作者；妇女月经期。孕妇腹部、腰骶部及乳头等部位也不宜拔罐。

(5) 刮痧养生

刮痧是我国传统的非药物自然疗法，具有简便易行、效果明显的特点，广泛运用于强身健体、减肥美容等养生保健领域。刮痧与拔罐、针灸等疗法配合使用，可增强活血化瘀、祛邪排毒的效果。

①刮痧养生作用。刮痧法重视整体调理，通过各种刮拭手法刺激经络穴位，可以疏通经络、通畅气血、平衡阴阳、调节脏腑，从而增强机体的抗病能力。

疏经通络，祛除邪气：刮痧通过刺激人体体表的经络腧穴，使阻滞经络的邪气从表而解，从而达到疏经通络、活血祛瘀的作用。

调整机能，扶助正气：刮痧疗法通过对体表的刺激，进而疏通经络，同时通过经络的传导，最后调节脏腑气血阴阳，恢复脏腑功能，起到扶助正气、防病治病的作用。

辅助诊断，预判未病：五脏六腑发生病理改变，会在相应经络的皮部出现出痧、敏感、疼痛、结节等表现，因此可根据出痧的部位、颜色、形状等，判断脏腑经络发生的微小病变，对亚健康状态和疾病状态具有初步诊断作用，从而提前做好预防保健养生工作。

现代研究表明，刮痧可刺激神经末梢而产生效应，促进微循环，通过神经反射或神经体液调节，可以在较高水平上调节内脏、肌肉、心血管机能。刮痧可以扩张毛细血管，加速局部血液循环，增加汗腺分泌，增强新陈代谢，促进体内毒素排出，因此刮痧可广泛应用在美容、减肥、改善亚健康等领域。

②刮痧养生注意事项。注意避风、保暖，出痧后宜饮热水（淡糖盐水最佳），并休息15~20分钟；出痧后3~4小时内忌洗浴；痧斑未退之前，不宜在该处再次刮痧，再次刮痧时间宜间隔3~6小时，以皮肤上痧退为标准。刮痧部位宜少而精，选择合适的补泻手法，预防晕刮，注意观察，一旦出现晕刮，立即停止并对症处理。

以下情况禁用刮痧养生：急性传染病、高血压、中风、重症心脏病、出血倾向。刮痧部位皮肤破溃、斑疹、疮痈、包块、创伤、骨折、浮肿、严重过敏的情况，以及面部、孕妇腹部和腰骶部，女性经期下腹部等部位也不宜刮痧。

2.3.2.6 雅趣养生

雅，指美好、高尚、不庸俗、不粗鄙之意；趣，指兴趣爱好。雅趣养生，是指通过培养高雅的兴趣爱好达到颐养身心的养生方法。各种情趣雅致、轻松愉快的活动，可使人们得以情志舒畅、怡养心神、增强体质、增加智慧，从而达到健形养神，延年益寿的目的。

雅趣，如音乐、弈棋、书画、品茗、香熏、品读、集藏、花鸟、色彩、垂钓、旅游等，均可以作为养生方法使用。

2.3.2.7 沐浴养生

沐浴养生，是指利用水、中药汤液、空气、日光、泥沙等有形或无形的物理介质，作用于人体表面，从而达到健体强身、益寿延年的养生方法。沐浴养生简便易行，适用广泛。

（1）森林浴

森林浴的概念虽然起源于日本，但在我国，历来就有利用森林清气养生的传统，森林浴是指人们浸浴在森林内空气中进行的一种养生活动。基本方法有在森林环境中进行娱乐、漫步、登山、小憩、品茗和野餐等。森林浴属于空气浴的范畴，但不同于一般空气浴，因其具有特殊的保健效应，如绿色效应、负离子效应、植物精气效应、声景观效应、有氧运动效应等。森林浴具有调节精神、解除疲劳、抗病强身等养身、养心、养性、养智、养德功效。

（2）水浴

水浴是指以水为介质，利用水温、压力、浮力、冲击力及所含特殊化学成分等对人体产生作用的方法。水浴可起到调节体温、清洁皮肤和消除疲劳等作用。可分为热水浴、冷水浴、温泉浴、蒸气浴等。其中温泉浴因含有特殊的化学成分，对人体能产生相应的化学效应，在养生康复领域应用广泛。

温泉浴是指应用不同成分、温度和压力的温泉水来沐浴健身的方法。温泉水是地壳深层自然流出或钻孔涌出地表，含有一定量矿物质的地下水，通常具有较高的温度及较高浓度的化学成分和气体。

温泉水中所含化学物质不同，作用各不相同。如碳酸氢钠泉和硫酸钠泉主要用于改善消化系统疾病；碘泉主要用于改善循环系统和妇科疾病；硫化氢泉主要用于改善慢性关节疾病和多种皮肤病，并具有兴奋作用。此外，温泉水中所含的二氧化硫、氡、铁、锂、阴离子、阳离子等特殊物质，都能对人体产生作用。温泉水温不同，作用也不相同。如温泉水温在34～36℃时具有镇静止痒的作用；37～39℃时具有解除疲劳的作用；40～45℃时具有发汗镇痛的作用。

（3）药浴

药浴养生是指通过药浴的方式，药物经皮肤、黏膜、腧穴等部位进入人体而产生作用的养生方法。药浴可以避免中药内服在口感上的不适以及对药物胃肠道的刺激等，更容易被人们接受。药浴在发挥药物的防治作用基础上，还结合了水浴的功效。尤其是通过水浴的压力作用和温热作用，药浴中的药物成分可以更好地被吸收。药浴能够起到开宣腠理、温经通络、调和气血、祛风散寒、化瘀止痛、祛湿止痒、宁心安神等功效，可以广泛用于人们平时的养生保健。药浴根据不同的药物配伍，具有不同的功效。

（4）其他浴

①泥浴。泥浴又称泥浆浴，是指用海泥、湖泥、井底泥、矿泥、沼泽地里的腐泥或特制的含有一定量矿物质、有机物和微量元素的泥类物质敷于体表或者浸泡，从而达到养生保健目的的方法。

泥浆与皮肤产生的摩擦，加上日光的照射，可产生明显的按摩功效和温热作用，能够加速血液循环、改善组织细胞营养、促进新陈代谢。浴泥中含有丰富的矿物质和微量元素，特别是其中含有的各种盐类，能够起到对皮肤消毒、杀菌的作用。沼泽泥和井底泥中含有的腐殖酸，具有改善血液循环、调节内分泌、促进代谢、提高免疫力等作用。

②沙浴。沙浴是指利用热沙作用于人体，产生机械刺激和温热，从而达到按摩、热疗作用的养生方法。沙浴综合了热疗、按摩、磁疗和日光浴的特点，具有明显排汗作用，能够促进血液循环和新陈代谢，促进瘢痕软化、骨组织的生长和胃肠蠕动。

③日光浴。日光浴古时称“晒疗”，是指利用太阳光照射全身或局部以达到强身健体目的的养生方法。古人在进行日光浴时往往同时进行呼吸吐纳练功，是健身

防病的重要方法。

现代研究表明，太阳光谱中不同光线可对机体产生不同作用。如紫外线具有消炎、杀菌、止痛、脱敏、促进组织再生、加速伤口及溃疡面的愈合、增强机体免疫力等作用；红外线主要具有温热效应，可促进血液循环和新陈代谢。此外，不同颜色可见光照射人体时，通过视觉和皮肤感受器作用于中枢神经系统，可产生不同的作用。如红光令人兴奋，使人产生喜悦、愉悦的心情；绿光使人镇静；粉光使血压降低；蓝光和紫光具有抑制作用等。

2.4 少数民族养生文化

健康与长寿是人们不懈追求的理想状态与人生目标，无论哪个民族和地区的人民，唯有通过适当的养生理念和养生方法来实现。我国幅员辽阔，由于各地资源及环境不同，当地居民在认识自然、适应自然、利用自然、改造自然的过程积累了丰富多彩、各具特色的民族养生文化。其中，南方的苗族和北方蒙古族养生文化具有代表性。

2.4.1 苗族养生文化

贵州省是我国苗族人口分布最广的地区，苗族聚居最多的黔东南、黔南、黔西南等地，气候温润，动植物资源丰富，是人类理想的居住地之一。苗族人民在长期的生产生活过程中积累了灵活且实用的养生方法，推动了中华养生文化不断地丰富和发展。苗医养生的内容，主要由饮食养生、外治养生、休闲养生等方面组成。其中饮食巩固养生之基础，药物及外治辅助养生之效果，休闲促进养生之发展，三者组成了苗医养生文化的主体。

2.4.1.1 苗族饮食养生

苗族久居于崇山峻岭之中，农耕伴随民族的发展历史，得益于生存环境优势，苗族人民主、副食及肉类品种繁多，主食以大米、玉米、小麦、高粱、荞麦和薯类等为主，肉食多来自猪、牛、羊、狗等家畜和饲养的鸡、鸭、鹅等家禽，果蔬品种丰富，采集野生动植物也是副食的重要来源。苗族人民非常重视食材的原真性，食物基本上全天然无污染，不喜购买大规模养殖的肉类及种植的蔬菜，家养的“土味”依然是最受欢迎的食材。烹饪方式以蒸、煮、炒、腌、熏等方法为主，日常以煮为最主要的烹饪方式，其次为炒。口味喜食酸辣，肉类、蔬菜与酸汤同煮是苗族最为普遍日常餐食，开胃助消化。少油、少盐，重食材、轻调味，是苗族饮食的最大特点，与现代健康饮食的要求不谋而合，这对于提高苗族人民的身体素质有极大的好处，使苗族人民的健康长寿得到保障。

苗族在不同季节会食用某种特定的食物或饮料，以达到特定保健或治疗的作用，以提高身体素质。如清明节前后采摘清明菜洗净，加入糯米饭中做成“清明粑”“社饭”蒸熟食用，可以清热解毒或治劳伤、筋骨疼痛；夏天以酸菜、酸汤为菜肴或饮料，可生津解暑、开胃止泻；冬腊月则酿制糯米甜酒食用，可活血行血、补体御寒；另外还有“热羊冷狗”的说法，认为羊肉尤其是羊肝具有清热泻火之功，夏天适当食之可泻热清暑，冬季则食狗肉能补虚御寒、强筋健骨。

药膳同样是苗族饮食当中不可缺少的养生环节，如国家级非物质文化遗产项目《苗医药（九节茶药制作工艺）》涉及的九节茶药，该药材在苗族地区使用最为普遍，人们通常将其煮水作为茶饮，夏季清热去火、预防感冒；小儿体虚、食欲不佳常采用夜寒苏炖肉食用；苗族饮食中使用的调料除葱、姜外，常用的木姜子、石菖蒲、野花椒、吴茱萸等多具有温胃散寒、止泻等功效，让食物更美味的同时也对人体起到保健作用。

2.4.1.2 苗医药外治法养生

苗族在我国历史上发生过5次迁徙，为了在恶劣的环境中生存下来，苗族人民在缺少药物的情况下逐渐发展出独具特色的外治方法。常见的苗医疗法是通过不同的手法刺激、外敷、熏洗等方式治疗体外或皮肤疾病，由于其操作简便，疗效显著，受到苗族人民的推崇。

（1）弩药针法

弩药针法是苗医针类疗法中使用面极广的一种治疗方法。本法源于古代苗人猎杀大型野兽时，在弓弩上蘸取适量特殊配制的剧毒药物以起到见血封喉快速猎杀效果。后来发现小剂量使用有良好的祛风止痛作用，经过反复实践进行减毒，改进工艺，用于治疗人体疾病，能起到以毒攻毒之效，对一些慢性顽固性疾病，采用此法屡获良效。为了减轻药物毒性，一些地区的苗医在药物中加入蜂蜜，称之为“糖药针”。适用于苗医冷病之半边风、顺筋风、冷肉风、湿热风、麻木风等多种慢性顽固性疾病，以及风湿性关节炎、类风湿性关节炎、骨质增生、腰椎病、颈椎病、肩周炎等疼痛病症。

（2）隔药纸火灸

隔药纸火灸疗法是贵州苗族的一种特色外治法，利用火疗和药液的作用，在施治的穴位或部位上贴附药液浸泡过的纱布和草纸，点燃药纸，通过药纸作用于穴位或患病部位的强热刺激和药物成分的双重作用，达到扶助内能、舒筋通络、通气散血、温散冷毒、祛除毒邪、促进康复的目的，体现苗医理论“气以通为用，血以散为安”，具有促进局部血液循环，解痉，增强局部新陈代谢的作用。

（3）玉杵点穴疗法

苗族医药的特点之一是“医武一家”，点穴疗法源于苗族武术中的点穴击技，是一种既可伤人又可救人的方法。在医疗方面的应用可见医生用手指或筷子等简单器具，并结合一定的手法在患者的穴位上进行点击达到治疗疾病的目的。玉杵点穴疗法是用苗族地区所产玉杵在患病体表的某些穴位和刺激线上施行点、按、压、拍和叩打等不同手法，促使已经发生功能障碍的肢体或脏腑器官恢复功能，从而达到治愈疾病的一种苗医治疗方法。

（4）抹酒火疗法

苗医抹火酒疗法是医者用手指及手背蘸燃烧的药酒和酒精混合液抹搽于患处，并施以相应的抹、揉、拍、击等手法以治疗疾病的一种方法。此法可见医者手上和施术部位火势熊熊燃烧，治疗之后，病人顿时感到轻松，是苗医常用的奇法异术。抹酒疗法是利用火热、手法刺激以促进局部血液循环，增强局部新陈代谢以达到温经散寒、祛除冷毒、宣通气血、舒筋利节止痛的功效。也可根据病情配合药酒使用，则可收到热疗、药疗的双重效果。

（5）四缝穴针刺疗法

苗医四缝穴针刺法是应用三棱针在第 2~5 指掌面第二指间关节处挑刺，使其出黄色黏液或少许血水以达到平肝泻心、理脾和胃作用的一种外治方法。具有平肝泻心、理脾和胃作用，挑刺可调理三焦、燥湿驱虫、理脾生精。现代医学研究发现针刺四缝穴可使唾液分泌增加，提高唾液淀粉酶的作用，使肠中胰蛋白酶、胰淀粉酶、胰脂肪酶的含量增加。对于营养不良合并佝偻病者，针刺四缝穴后，发现血清钙、磷均有上升，碱性磷酸酶活性降低，钙、磷乘积增加，有助于患儿的骨骼发育。

（6）针挑疗法

苗医针挑疗法是在人体特定的部位将皮肤消毒后，用大缝衣针挑破皮肤，挑出少量皮下纤维或脂肪，并将其挑断或剪去，然后消毒伤口并包扎以治疗疾病的方法。

针挑疗法是苗医普遍使用的一种治疗方法，该法具有祛毒赶毒、散通气血、舒筋通络作用。苗医理论认为："毒之内存必显于外，毒之所乱必有其根。"意思是有毒的存在就会在人体上通过各种形式表现出来，毒在人体作祟，必然会有使其附着于人体的"根"存在。而针挑疗法的原理就是找准毒邪在人体体表处的"根"，并用针将其挑断，"根"被挑断则毒自出，病自愈。适用于各种痧症、风湿病、小儿疳积、各类眼疾（如近视、早期白内障、眼干燥症、夜盲症、睑腺炎、飞蚊症、翼状胬肉、糖尿病眼病、眼底黄斑、眼底出血、甲亢眼突等）。

（7）揪痧疗法

施术者用拇指和食指指腹相对用力，在人体特定部位（肘窝、颈部、腘窝、喉部）涂抹介质，用力揪扯，使施术部位血络破裂，呈现痧点、瘀点或瘀斑，以治疗疾病的一种苗医外治方法，亦称扯痧法。

通过外力作用于体表皮肤、毛细血管，使毛细血管破裂而血液渗入周围细胞组织，产生轻微的创伤反应，能促进局部血液循环，调动人体产生应激反应，使神经、循环、激素、免疫、排泄等系统功能活跃起来，以增强人体的抗病能力，以达到活血化瘀、通经活络、泻热解毒、通脉开窍、急救复苏的作用。

（8）刮治疗法

刮治疗法是采用适当的药物和器具（姜片刮、铜钱刮、牛角刮、骨刮）在选定的部位上进行刮擦，以达到疏通筋脉、刺激穴位、赶出毒素的一种外治方法。并可根据疾病的具体情况选用不同的药汁作为润滑剂从而起到不同的治疗作用。苗医刮治法起初主要用于治疗痧类疾病，因此，也称为“刮痧”。主要适应于中暑、感冒、伤食呕吐、食积、小儿痉挛疼痛、头痛、头晕、发烧、各种风气（风湿）筋痛、颈肩腰腿痛、肌肉痛、胃痛等内外科疾病。

（9）掐脊疗法

苗医掐脊疗法是通过反复掐捏脊柱两侧皮肤或筋脉，以达消隔食、散气血、通络止痛的一种苗医外治方法。苗医理论认为四大经脉分布全身而汇于脊。掐脊疗法是通过在脊两侧施用掐、抓、按等手法以疏通筋脉、调合身体，具有健脾消食、活血定痛、舒筋通络的作用。主要适应于小儿疳积、隔食、腹痛等症，也有强身健体之功。

（10）履（滚）蛋疗法

苗医对疾病的诊断，方法多样，根据各地苗医在实践中积累的经验来说，总体上主要有望、问、号、听、嗅、摸、弹、蛋等诊断方法。其中的蛋诊法即利用鸡蛋在人体体表上反复滚动后通过观察鸡蛋相关部分颜色和质地的异常改变来诊断疾病的方法。这种方法除了可以诊断疾病，还可以用于疾病的治疗，一般的小儿常见病者可用本法治疗。履蛋疗法分为履生蛋、履熟蛋、履银蛋和履药蛋（属于热滚法）。

（11）熥药疗法

熥，原义：烘烤，使热量穿透物体；同“通”，为疏通、传达的意思。熥药疗法：利用熥药包的热力和药包内的药力共同作用，配合拍、滚、按等手法作用于患处的自然疗法。本法尤善于治疗各种原因所致的骨关节、软组织慢性损伤，是苗医外治法中的常用疗法，在民间流传、应用。熥药疗法是将具有疏通筋脉、行气活血、宣散气血的苗药打粉包捆，通过蒸煮后加强药力的渗透性和温通力，再结合拍、按、揉等手法以达到调理筋脉、运行气血、消除肿痛、驱毒赶邪的功效。

（12）水煮罐疗法

苗药水煮罐疗法是将竹罐放入苗药药水中浸煮，使用时镊子取出，用湿毛巾擦干罐口，并趁药热之势随之叩按在所需治疗部位，以达到温经通络、散寒除湿止痛功用的一种方法。

苗药水煮罐疗法是利用苗药的药性、水的温热效力及罐的负压作用于施术部位，以刺激局部皮肤、组织，促进新陈代谢、血液循环而具有调理脾胃、散通气血、温经通络、散寒除湿止痛的作用。

（13）熏蒸疗法

苗医熏蒸疗法是将苗药煮沸之后产生的热药蒸汽进行熏蒸，借助药性、水蒸气及热力直接作用于熏蒸部位，以达到解毒止痒，疏通腠理、行血散瘀、除痛活络，透疹消肿、养颜排毒等作用。根据病情的不同选用相应的药物，可以全身熏蒸，也可以局部熏蒸。主要适应于皮肤病（黄褐斑、雀斑、青春痘）、风湿性关节炎、类风湿性关节炎、强直性脊柱炎、腰腿痛、颈肩痛、感冒、咳嗽、中风偏瘫。

（14）牛角推拿按摩疗法

牛角推拿按摩疗法是将苗族地区纯天然的水牛角制成的按摩器，借助水牛角之性凉、质地柔和的特性，结合苗药的不同药物效能，充分发挥苗医之特色，作用于人体特定的部位来调节机体的生理、病理状况，达到疏通经络，通畅气血，扶正祛邪的治疗效果，起到治疗和保健作用的外治方法。人体气血运行不畅，机体的过度疲劳，长时间的习惯性体位和动作都是导致疾病的重要因素。医者在病人身上施行牛角推拿按摩疗法，起到舒缓肌肉、疏通筋脉、解除僵硬、扶正异位、疏通气血、排除毒素等方面的作用，以达到治疗、保健和消除疲劳的目的。

2.4.1.3 苗族休闲养生

苗族被称为“百节之乡”，苗族人民能歌善舞，逢年过节和假日，他们汇集于铜鼓坪和跳花场上，或打鼓，或吹笙，男女老少翩翩起舞。苗族舞蹈大致可分为三大类 10 多种。三大类即笙之舞、鼓之舞和摆手舞。笙之舞有芦笙舞、古瓢舞和胡琴舞；鼓之舞有铜鼓舞、木鼓舞、踩鼓舞、花鼓舞和大刀舞；摆手舞有彩鼓舞、板凳舞和拳术舞等。苗族人民的传统舞蹈既娱乐了情志又锻炼了身体，起到增强体质、防病治病的作用。借助节庆方式为载体，在歌舞文艺的休闲活动中，既锻炼了身体也愉悦了心灵，是对于传统民俗文艺的传承，蕴含了“形神共养”的养生理念。

苗族的历史悠久，文化传统丰厚。地理环境的差异，社会发展、经济生活和风俗习惯等方面的不同，使得苗族的传统体育活动呈现出丰富多彩的形式。苗族的民族体育活动项目，常见的有射弩、射背牌、秋千、麻古（手毽）、划龙舟、赛马、斗牛会、上刀梯、爬花杆、爬坡杆、打禾鸡、打泥脚、舞狮、接龙舞、跳狮子、猴儿鼓舞、跳鼓、打花棍、苗拳等，苗族人民喜欢参加传统体育运动，这对提高苗族人民的身体素质起到了非常重要的作用，也有益于青少年的身体健康发育。

2.4.2 蒙古族养生文化

蒙古族人民主要生活在北方草原，长期以游牧为生，那里气候寒冷干旱，土地贫瘠，昼夜温差大。在环境恶劣的草原上，他们驯养羊、牛、马、驼等食草类动物获取生活资源。在不断与中原农耕文明的交流与融合中，逐渐形成了蒙古族充满生机和活力的多元养生文化。

2.4.2.1 饮膳养生

蒙古族流传着这样一句民间谚语：“病之始 ，始于食不消 ；药之源，源于百煎水。”诸如奶食、肉食 、骨汤之类，只要食用适当，都可以起到滋补、强身、防病、治病的作用。这是古代蒙古人从长期的生活实践中总结出来的饮食疗法的前身，在《蒙古秘史》中也有这方面的记载（藏女，2007）。

（1）酸马奶养生

酸马奶，蒙古语里，也称为艾日格或策格，意为“发酵的马奶”，酸马奶养生也叫策格疗法。酸马奶呈乳白色，气味辛辣，性轻而温，味甘、酸、涩，蛋白颗粒细腻，白蛋白和糖含量较高，酸度一般为 100~1400T，酒精含量为 0.5%~2.5%（VV）。马奶分为生熟两种，生马奶即鲜马奶，熟马奶即酸马奶。现代研究表明，酸马奶中富含糖、脂肪、蛋白类、维生素、氨基酸、乳酸、消化酶等多种有利于人体的物质。具有增强胃火、帮助消化、调理体质、活血化瘀、改善睡眠、解毒、补血之功效。通常适用于胃肠道疾病、肺结核、高脂血症、高血压病、糖尿病、冠心病、贫血、月经不调、慢性便秘、神经性头痛等急慢性疾病的治疗与预防，且疗效较显著。

酸马奶的营养成分在参与人体新陈代谢，调节人体生理功能，提高人体免疫力及防治疾病的方面有着显著疗效。酸马奶养生法是通过利用天然无创伤疗法，激活人体自然抗病能力，既能治疗疾病也能强身健体的一种传统蒙医疗法，是现代人们养生、保持健康的最佳选择之一。

（2）蒙古奶茶养生

蒙古奶茶是蒙古族传统的饮品之一，也是一日三餐必不可少的饮品。熬制蒙古奶茶所用的茶叶叫青砖茶，茶叶中包含着单宁、氨基酸、精油、咖啡因、维生素 C、维生素 D 和维生素 B 等丰富的营养成分。蒙古奶茶具有强心、利尿健脾、造骨、提神醒脑和强化血管壁等药用功能，还有溶解脂肪、促进消化等作用（张金生，2012）。

蒙古奶茶也富含钙、镁、锌等微量元素，因此，长期饮用蒙古奶茶可补充人体所需的微量元素，提高肌体免疫力。蒙古族人民好食肉，肉与奶茶同食使人体更好地消化和吸收肉质中所含的营养物质。

（3）四季养生

蒙古族主要生活在我国的北部地区，被称为“马背上的民族”，这是因为他们世代以游牧狩猎为生。蒙古族人民会根据不同的季节气候特点确立相应的养生原则。一般认为春升、夏清淡、秋平、冬滋阴。

春季由于阳光强烈，紫外线照射增强，体力免疫力有所下降，因此宜选择性味功能甘、腻的饮食，多食用奶制品、荞面、绿豆为佳。

夏季雨水多，易损伤胃火，选用味甘、酸、咸的饮食，喝酸奶、马奶为佳。也可多吃苦瓜、苦菜、蒲公英等相对苦的食物，例如，苦瓜俗称“菜中君子”，它能调节脾，消除疲劳、醒脑提神，对中暑，对肠道疾病有一定的预防作用；苦菜是药食同源的蔬菜，具有清凉解毒、消毒排脓、祛瘀止痛、预防胃肠炎等胃肠道疾病的功能；食用苦菜的时候，将它的根、叶洗净了以后拌着炒着都可以吃，对肠炎菌痢等有一些防治的作用；蒲公英也是一种药食同源的野菜，具有清热解毒、消炎止痛、消毒排脓，防治胃炎、胆囊炎、淋巴结炎、扁桃体炎等功效。

金秋时节，夏季蓄积潜伏于体内的“希拉”（蒙医术语，大致相当于中医之“火”），秋季多吃蔬菜，蔬菜中含有大量的维生素，同时还有良好的药用价值。如菠菜可解酒毒；苦荬菜味苦性寒，可解暑毒；紫苏有食下不饥，可以释劳之功；枸杞菜味甘平，食之能清心明目，配以猪肝，又有平肝火之功。

寒冬时节人体毛孔闭合，减少饮食会引起津液缺乏，导致全身乏力，此时选择甘、酸、咸味的饮食，多食用炒米、酸奶、牛肉为佳。

2.4.2.2 起居（身、语、意）养生法

起居养生是指通过合理的起居时间安排和良好的生活习惯来保持身体健康和促进健康的方法。身：指的是身体上的行为，包括身体动作和身体姿态。语：指的是我们的语言表达，包括口头和书面语言。意：是身语意中的统摄，指的是我们的思想和意识。这三个字分别代表了身体行为、语言表达和思想意识，它们都是从内心深处生发出来的，而意则是这三者的根源和主导。良好的起居习惯对人的健康具有非常重要的意义。对此，蒙医古籍中多有记载起居（身、语、意）养生方法。

（1）“身”养生

元代著名医家编著的《饮膳正要》记载“坐要正，心要静，站要直，视前方，勿久站，防伤骨，勿久坐，防害血，勿久行，防伤筋，勿久卧，防伤气，勿久看，防竭气”等，是蒙古族人民生产的行为当中的重要防病治病的知识。

运动是起居养生的重要组成部分。适当的运动可以增强体魄，促进新陈代谢，帮助身体排毒。平常可以选择适合自己的运动方式，比如散步、慢跑、瑜伽等，每周至少进行3~5次，每次30分钟以上。

（2）“语”养生

语言功能养生是指通过合理运用语言，达到促进身心健康的目的。语言功能养生强调积极的心态对健康的重要性。积极的语言表达可以帮助人们建立乐观、自信的心态，从而增强免疫力，减少压力和焦虑。积极的语言交流可以增强人际关系，减少冲突和压力，提高生活质量。

（3）“意”养生

起居养生中强调“意识情志”养生，是指平常维护良好的心理状态，积极乐观的心态有助于缓解压力，增强抵抗力，提高身体免疫力。可以通过学习放松技巧、培养兴趣爱好、与亲朋好友交流等方式来维持积极的心态。

2.4.2.3 蒙医药养生

蒙医药五味甘露浴、蒙医沙疗、蒙医萨木纳胡疗法、蒙医茶酒疗养生法等特色

蒙医药疗法，对颈椎病、腰腿痛疾病、坐骨神经痛、肩周炎、颈背肌筋膜炎、骨性关节炎、下肢静脉曲张、脑血管病后遗症、面瘫、偏瘫、偏头痛、失眠等症具有较好作用。

（1）五味甘露浴养生

五味甘露浴是属于蒙医药浴疗法之一，至今已有1300年历史，是蒙医药浴疗法的一个特色疗法。将刺柏叶、照山白、水柏枝、麻黄、小白蒿等特定的蒙药材放入清水中煎煮后进行浸浴，因主要以五味药物组成，因此被称为五味甘露浴。

五味甘露药浴具有除湿祛寒、清邪热、解毒、通经络、止痛、益肾等保健功效，且广泛运用于日常养生保健和临床治疗当中。

（2）蒙医沙疗养生

蒙医沙疗又称“沙灸、沙治”，是我国北方少数民族的一种传统疗法，也被称为热沙池疗法，是热敷疗法之一。具体方法是用温沙覆盖病体部位，利用阳光、干热、压力、磁力、微波、蒙药及蒙医推拿正骨手法的综合作用来治疗风湿、类风湿、关节炎、颈椎病、肩周炎、手脚冰凉、虚寒怕冷、感冒发烧、月经不调、痛经、前列腺、肌肉酸痛、胃肠不适、疲劳、筋骨挛缩、风掣瘫痪等疾病的纯绿色、无副作用疗术。

（3）蒙医萨木纳胡疗法

蒙医拔罐放血疗法又称萨木纳胡疗法，是拔罐疗法与放血疗法结合的疗法。是具有突出蒙医药特色的外治疗法。先在所选穴位或某一病变部位进行拔罐8~10分钟，取拔罐器后在隆起部位用三棱放血针或皮肤针浅刺3~5次后，再拔罐；吸出恶血（病血）与黄水（组织液），以达到改善气血运行、拔毒祛瘀、清热解表、调节阴阳、调理体素、防病治病的目的（金玉，1994）。

（4）蒙医茶酒疗养生

蒙医茶酒疗养生法是利用砖茶和酒，以热因子作用于人体局部或部分器官而祛病的一种传统疗法。蒙医茶酒疗法主要有止痛消肿，温经祛寒，恢复机体功能的作用。茶酒疗法的温热刺激作用较为突出，明显提高皮肤温度，促进血液循环及新陈代谢，改善营养，抑制周围神经的兴奋。由于茶酒疗法能保持相当高的温度，所以其温热刺激作用优于其他温热疗法。

蒙医茶酒疗养生法适应症：胃肠寒证、寒性呕吐及泄泻、消化不良、腰身及膀胱寒证、妇女赫依病、腰痛等寒性疾病，在临床上治疗颈椎病及腰椎间盘突出症等疾病同样也有显著效果。

3 森林康养类型

森林康养类型多种多样，可以根据不同的需求、目的和活动主题进行划分，按组织形式可划分为全域森林康养试点、森林康养基地、森林康养小镇、森林康养人家等类型；按服务特征可划分为康复疗养、健康养老、自然教育、运动康养等类型；按康养活动主题可划分为观光、运动、温泉、养生、体验等类型。

3.1 按组织形式划分

3.1.1 全域森林康养试点

3.1.1.1 概念及要求

《全域森林康养建设规范》（T/LYCY 2038—2022）规定了全域森林康养试点建设的总体要求、资源条件、设施建设、产品与服务、能力建设等方面的基本要求。

（1）概念

全域森林康养是指在一个相对完整的行政单元内，依托良好的森林康养资源与环境条件，完备的森林康养设施，完善的森林康养服务与产品，健全的森林康养能力体系，开展保持、修复或增进人类健康的活动和过程。

（2）一般要求

①建设区域内森林康养资源禀赋优越，环境质量优良，气候条件适宜，无重大污染源。

②建设区域内森林康养主体功能区至少有3个（含）以上，定位清晰，分布合理，功能明确。主体功能区之间连接顺畅，有相互联动。

③建设区域内森林康养产品丰富，具备与康养主体功能相适应的森林康养服务。拥有发展森林康养产业的多种经营主体，具备形成全域森林康养产业集群的发展潜力。

④建设区域内森林康养产业体系完善，能较好融合医疗产业、体育产业、教育产业、中医药产业、旅游产业等，且森林康养产业产值达到一定规模，形成“共融共生、一业带多业”的发展格局。

⑤建设区域3年内未发生过严重破坏森林等自然资源案件或灾害事故，无重大责任安全事故。金融、中介等各类市场主体严守法律法规和市场规则，无失信行为。

3.1.1.2 认定条件

全域森林康养试点建设单位包括市、县（市、区）、乡（镇），认定条件如下：

（1）地方党政部门高度重视森林康养。把森林康养纳入了政府议事日程，纳入当地经济社会发展总体规划中，积极推进森林康养产业发展。

（2）森林康养环境优良。区域内森林等自然资源丰富，森林覆盖率50%以上，林区天然环境健康优越，林相优美，负离子含量高。景观资源丰富，气候条件适宜。区域内自然水系水质在二级及其以上，大气等环境指标优良。周边无大气污染、水体污染、噪（音）声污染、土壤污染、农药污染、辐射污染、热污染等污染源。

（3）基础设施完善。具备良好的交通条件，区域内部道路体系完善，可达性较好。康养步道、康养酒店、康养中心、芳疗中心、运动康复中心、配套设施等布局合理，导引系统完备，相应设施完善。水、电、通信、接待、住宿、餐饮、垃圾处理等基础设施齐全，符合行业标准并能有效发挥功能。

（4）森林康养服务产品丰富。区域内具备与康养主体功能相适应的森林康养服务；拥有具备森林康养特色的森林食品、饮品、保健品及其他相关产品的种植、研发、加工和销售等产业。

（5）医疗设施条件健全。区域内医联体完成情况良好，中西医医疗设施配套完善，医养结合工作开展取得一定成效，养老服务机构和服务能力齐全。中药材资源丰富，中医药事业发展良好。

（6）管理机构和制度健全。区域内拥有发展森林康养产业的多种经营主体，且分布比较均衡，具备形成全域森林康养产业集群的发展潜力。运营管理机构健全，具有相应的管理人员和康养专业人员队伍。

（7）安全保障有力。基地选址科学安全，康养设施及场地符合安全标准。具备救护条件，应急预案可操作，消防等应急救灾设施设备完善。区域内森林资源与生物多样性的保护措施完善，3年内未发生过严重破坏森林资源案件或森林灾害事故。

（8）信誉良好，带动能力强。区域内重点建设的森林康养基地项目土地权属清晰，无违规违法占用林地、农地、沙地、水域、滩涂等行为，基础设施建设合法合规，经营主体依法登记注册，3年内无重大责任安全事故。森林康养产业发展具备一定的接待规模，经济社会效益明显，社会反响好。带动当地就业和增收效益明显，有效推动乡村振兴。森林康养产业在国民经济发展中具有重要地位，年接待游客和康养客户达到一定数量且经营收入较高，已成为当地有一定影响力的产业。

（9）编制了相应的市、县（市、区）、乡（镇）森林康养（产业）发展规划，出台了森林康养产业相关扶持政策。

（10）优先条件：已经实施了财政、金融、税收、土地等扶持政策的优先入选。

3.1.2 森林康养基地

3.1.2.1 概念

根据《国家级森林康养基地认定办法》（T/LYCY 012—2020），将森林康养基地定义为利用具有康体保健功能的森林、湿地等环境，开发特色康养产品，开展游憩、食药、健身、养生、养老、疗养、认知、体验等服务的环境空间场地、配套设施和相应服务体系的森林康养经营单位。

3.1.2.2 建设要求

国家级森林康养基地要充分利用和发挥现有设施功能，适当填平补齐，避免急功近利、盲目发展，实现规模适度、物尽其用。不搞大拆大建，不搞重复建设，不搞脱离实际需要的超标准建设。符合国家公园、自然保护区、风景名胜区、地质公园等自然保护地的相关规定，不存在违法建设的别墅等基础设施。国家级森林康养基地建设要选址科学安全、功能分区合理、建设内容完整、特色优势突出。必备条件如下：

①权属清晰，依据森林康养基地规划其边界明确，且无土地纠纷。

②国家森林康养基地功能分区规范，符合《森林康养基地总体规划导则》（LY/T 2935—2018）的要求，包括森林康养区、游憩欣赏区和综合管理区。

③最近5年无违法违规和灾害发生。如地质灾害、重大森林火灾、森林病虫害和外来有害生物入侵等，非法森林采伐和违法征占用林地或违规改变林地用途等活动发生。

3.1.2.3 申请认定主体类型

①市、县（市、区）、乡（镇）人民政府。

②具有法人资格的国有、集体、民营或混合制经营权的各类企事业单位。包括森林公园、湿地公园、风景名胜区、自然保护区、林场、生态公园、生态产业园区及其管理运营实体、户外体育、自然教育、温泉度假村；养生、养老、休闲、拓展、中医药旅游基地；美丽乡村、森林乡村及相关产业投资、管理、运营企业等。

③经工商或民政部门登记注册的生态休闲农庄、特色民宿、专业合作社、专业大户、家庭林场、生态农场、森林人家等。

④其他具有法人资格的森林康养产业相关建设经营实体等。

3.1.2.4 认定条件

（1）自然资源条件

①具备一定规模的森林资源，并符合《森林康养基地质量评定》（LY/T 2934—2018）标准规定；基地面积不小于50公顷的集中区域，基地及其毗邻区域的森林总

面积不少于1000公顷，基地内森林覆盖率大于50%。

②具有独特的自然景观、地理和气候资源、名胜古迹。包括古树名木、古屋、古桥、古道、古街（巷）、历史渊源、民族特色以及丰富的林下经济产品和中药材资源。

③经营区域内森林资源与生物多样性的保护措施完善，3年内未发生过严重破坏森林资源案件或森林灾害事故。

④林区天然环境健康优越，负离子含量高，周边无大气污染、水体污染、土壤污染、农药污染、辐射污染、热污染、噪声污染等污染源。

（2）基础设施条件

①具备良好的交通条件，外部连接公路至少为三级标准，距离最近的机场、火车站、客运站、码头等交通枢纽距离不超过2小时车程，可达性较好，基地内部道路体系完善。

②康养步道、康养酒店、康养中心、芳疗中心、运动康复中心、康养配套设施等布局合理，导引系统完备，无障碍设施完善。

③水、电、通信、接待、住宿、餐饮、垃圾处理等基础设施全，符合行业标准并能有效发挥功能。

④认定基地应具备正在建设或已经规划建设：森林康养设施（如森林浴场、森林康养步道、森林康养中心等）；中医药康养设施（如中医药养生馆、禅修冥想、温泉药浴、药膳食疗、康复理疗场所等）；自然教育体验设施（如科普馆、自然体验径、森林学校等）；运动体验设施（如运动健身、登山、森林马拉松、攀岩、滑索、跳伞、蹦极、漂流、滑雪、冰雪运动等）；休闲度假体验设施（如自驾车宿营地、房车营地、度假民宿木屋等）。

（3）森林康养产品丰富

①具备森林康养特色的森林食品、饮品、保健品及其他相关产品的种植、研发、加工和销售等产业。

②具有一定的特色森林康养项目，如食疗、音疗、芳疗、药浴、禅修、冥想、太极、八段锦等。

③具备以森林康养为主题的文学、摄影、美术、诗歌、自然教育、持杖行走、森林马拉松、太极、瑜伽等文化体育产品、森林康养文化体验与教育。

（4）管理机构和制度健全

①有一定数量经过森林康养专业培训的服务人才队伍（如森林康养师等）和运营管理人才队伍。高度重视专业人才的培训和引进，积极参与森林康养相关专业培训和行业交流。

②森林康养餐饮、康养活动、住宿服务等管理流程、技术规范或服务标准健全。

③具有合格资质的安全保障专业服务队伍和较为完善的安全保障服务体系。

④编制了森林康养基地发展规划或建设实施方案，现有设施设备按规划实施。

（5）信誉良好，带动能力强

①土地权属清晰，无违规违法占用林地、农地、沙地、水域及滩涂等行为，基础配套设施建设合法合规，经营主体依法登记注册，3 年内无重大负面影响。

②具备一定的接待规模，经济社会效益明显，带动当地就业和增收效益明显，有效推动乡村振兴，社会反响好。

3.1.2.5 环境条件

森林康养基地的建设环境条件要求较高，尤其对基地的森林面积、森林覆盖率、郁闭度、空气负离子浓度、空气细菌含量、水质、温度和湿度、大气环境质量、声环境质量、人文环境等因子需要满足一系列的标准。森林康养基地的建设必须尊重自然，有效保护森林资源和生态环境的基础上合理开发与利用。

3.1.3 森林康养小镇

3.1.3.1 概念

根据《森林康养小镇标准》（T/LYCY 1025—2021），将森林康养小镇定义为利用具有良好的森林生态系统为依托的社区（城镇或乡村），通过科学规划、系统建设，形成可以开展森林康养活动、发展森林康养产业，促进当地就业和经济增长的特色小镇。

3.1.3.2 基本要求

①规划总面积一般不小于 300 公顷，经营空间边界明晰，无产权纠纷，项目建设合法，无违法占用林地、无违章建筑。

②编制森林康养小镇建设规划，并通过相关部门审批。

③从业人员要求持健康证上岗，具备 3 名以上森林康养指导师。

④具备社区医疗服务功能，可与当地医院或乡镇社区卫生院、民族医疗机构合作共建。

⑤按治安、消防、卫生、环境保护等安全有关规定与要求，取得地方政府要求的相关证照。

⑥食品来源、加工、销售应符合《食品安全管理体系餐饮业要求》（GB/T 27306—2008）要求；生活用水（包括自备水源和二次供水）应符合《生活饮用水卫生标准》（GB 5749—2022）要求；采取节能减排措施，污水处理达到《污水综合排放标准》（GB 8978—1996）要求。

⑦室内外装修与用材应符合环保规定，达到《住宅建筑室内装修污染控制技术标准》（JGJ/T 436—2018）要求。

3.1.3.3 环境要求

（1）森林资源质量

森林覆盖率要求在可视范围内达45%以上。绿化覆盖率要求小镇建成区绿化覆盖率达20%以上。森林植被要满足四季景观组合良好，有色叶或观花、观果植物品种。森林植被植物精气要满足保健效果良好，保健植物、芳香植物、驱蚊植物等植物种类与规模搭配合理。景观质量达到《中国森林公园风景资源质量等级评定》（GB/T 18005—1999）二级以上风景资源标准。

（2）森林康养环境质量

要求所在地区地质条件稳定，自然灾害少，无地方病的潜在威胁。地域范围内，应分布有符合开发条件的森林康养吸引物体系，或属气候避暑地、气候避寒地、气候养生地、气候休闲地。康养环境良好，人体舒适度天数超过150天，水环境质量达到《地表水环境质量标准》（GB 3838—2002）规定的Ⅲ类及以上，声环境质量达到《声环境质量标准》（GB 3096—2008）的Ⅱ类及以上，环境无有害人体健康的人工辐射，符合《电离辐射防护与辐射源安全基本标准》（GB 18871—2002）标准，大气环境质量标准达到《大气环境质量标准》（GB 3095—1982）二级标准及以上。供水、供电、排水、排污、通信等基础设施完善。

3.1.3.4 产业发展及产品建设要求

（1）产业发展基础

要求申报的森林康养小镇能够准确把握产业定位，以森林康养为主导产业。包含但不限于提供特色森林康养食品（森林蔬菜、森林粮食、森林茶叶、森林水果、森林饮料、森林药材、森林蜂品以及森林肉类）、特色经济康养林种植、特色康养动物养殖（疗愈、食材）、森林康养产品深加工、特色文化创意产业以及森林游憩、度假、养老、疗养等健康养生服务业态。森林康养小镇以市场化运作为导向，培育引进不同产业细分门类的支撑主体，实现森林康养产业高质量发展。

（2）产品建设

要求具有与充分利用森林康养小镇资源优势，突出森林康养资源特色，依托森林资源、气候资源等设置休闲、健身、养生、疗养、认知、体验、夜游、食疗、常态化节庆演艺活动等产品，能满足不同人群、不同时段、不同季节康养需求。森林康养产品包含基础产品以及特色产品2种类型。特色产品结合小镇自身资源条件、文化条件、环境条件，开发地方民族风情康养体验、夜游体验、森林文化体验等产品。具备3项以上康养产品类型，具备常年性或季节性康养度假条件，具有1次以上的全国性或2次以上的地方性特色康养节事活动，过夜客平均停留天数不低于2晚。

3.1.3.5 设施服务要求

（1）住宿餐饮设施

住宿和餐饮设施要求具有森林特色，类型丰富，环境舒适性好，能够满足不同消费水平的需求，并根据康养人群规模、淡旺季需求变化情况，确定客房数量、规格和档次。充分利用原有住宿设施，根据实际情况结合社区建设合理布置。餐厅主题应以康养特色、地方特色或传统特色为主，药食康养特色菜品占总菜品的60%以上，选材和用料以当地绿色有机产品为主，按传统工艺制作。

（2）交通设施

对外交通便捷，可进入性好。距离省会城市原则上有不超过300千米的高速公路，或距离地级城市不超过100千米，距离主要交通干线不超过1小时车程。内部交通通达性强，具备机动车系统和步行系统，有独立的生产（消防）通道、观光车专用道、自行车专用道、森林康养步道等景观性强的交通设施。

（3）康养健身设施

具备开展森林静养、动养以及与饮食、文化等结合的森林康养场所和相关设施。森林康养设施应保证安全性好，标识科学、简明、清晰，养护规范，满足森林康养活动的正常开展。

（4）体验教育设施

具备以森林康养知识和自然认知为主导方向，配备相应的体验教育设施设备。明确科普宣教设施设备、解说标识系统的功能、建设位置、数量和规格，科普宣教材料的内容、形式及数量等，满足开展森林体验教育的需求。

（5）其他设施

具备能够满足康养人群需要的医疗、购物、公共安全等基础配套设施，并配备无障碍和适老性建设等设施。

3.1.3.6 服务管理

（1）机构人员配置与制度建设

要求有统一的管理机构和专业的管理队伍，管理人员中具有康养技能人员应达到20%以上，建立健全安全、生产、经营、质量、卫生、环保、统计等规章制度。

（2）社区管理

建立健全公共环境卫生、环保、安全等规章制度。定期宣传解释森林康养发展的规划设想，让居民了解发展蓝图并获得认可，建立良好发展环境。建立与社区居民定期沟通的联系制度，形成提升森林康养小镇的共享机制。应协调好经营主体与原住民关系。

3.1.4 森林康养人家

3.1.4.1 概念

根据《森林康养人家标准》（T/LYCY 1026—2021），将森林康养人家定义为以森林条件和森林文化为依托，提供森林康养服务的小规模经营体，是森林产业平台体系中的补充部分（中国林业产业联合会，2021）。

3.1.4.2 申请认定主体类型

经工商或民政部门登记注册的生态休闲农庄、特色民宿、专业合作社、专业大户、家庭林场、生态农场、森林人家等经营实体。

3.1.4.3 申请认定条件

①申请认定。申请认定单位为具有一定接待能力的专业合作社、生态农庄、特色民宿、专业经营大户、家庭林场，经营空间面积不小于25公顷的集中区域，其毗邻区域的森林总面积不少于200公顷。森林覆盖率大于30%，近成熟林超过30%，平均郁闭度0.4以上。

②基础设施较为完善。交通便利，可达性好，内部道路体系完善。具有一定的康养设施设备，如步道、运动场所、自然教育解说导引。

③具有一定的森林康养产品。开展自然教育、康体休闲、采摘、垂钓、拓展、徒步、房车营地、特色农林事体验活动等。有乡土特色饮食、乡土产品或具有当地特色的民俗文化或手工艺文化遗产。

④编制了专业的森林康养（产业）规划或森林康养基础建设实施方案。

⑤具有参加学习交流和培养的森林康养专业服务人才，从业人员具有较好的服务水平和管理能力。

⑥带动当地农民参与，促进当地就业和增收，有效推动乡村振兴。

⑦土地权属清晰。无违规违法占用林地、农地、沙地、水域、滩涂等行为，基础设施建设合法合规，经营主体为依法登记注册的合法经营主体，3年内无重大负面影响。

3.1.4.4 建设基本要求

①经营空间边界明晰，无产权纠纷，项目建设合法，无违法占用林地、无违章建筑；

②从业人员要求持健康证上岗，具备1名以上森林康养指导师；

③符合治安、消防、卫生、环境保护、安全等有关规定与要求，取得地方政府要求的相关证照；

④食品来源、加工、销售应符合《食品安全管理体系餐饮业要求》（GB/T

27306—2008）要求；生活用水（包括自备水源和二次供水）应符合《生活饮用水卫生标准》（GB 5479—2022）要求；采取节能减排措施，污水处理达到《污水综合排放标准》（GB 8978—2018）要求；

⑤室内外装修与用材应符合环保规定，达到《住宅建筑室内装修污染控制技术标准》（JGJ/T 436—2018）要求。

3.1.4.5 环境和建筑要求

①周边生态环境氛围良好，景观特色突出，康养植物与环境配置得当，有当地特色森林康养风情。建筑结构良好，布局科学合理，康养接待服务功能完善。

②周边宜有卫生室或医疗点。

③建筑通道、楼道以及游客集中的场所符合消防安全需求。

④宜设有标识导览系统，易于识别。建筑外观应与周边环境相协调，宜就地取材，突出当地特色。

3.1.4.6 设施和设备要求

①居民自建新房或原有住房改造后用于对外住宿和接待的房屋，应符合本地总体风貌，功能符合康养相关要求。

②客房、餐厅、康养服务、公共活动等区域布局合理。

③康养氛围浓郁、方便舒适，满足康养人群需求。

④各区域应有满足康养人群需求、方便使用的开关和电源插座。

⑤有清洗、消毒场所，位置合理，整洁卫生，方便使用。

⑥有适应当地气候的采暖、制冷设施，效果良好。各区域采光、遮光、通风、隔音效果良好，宜使用节能降噪产品。

⑦有主题突出、氛围浓郁、与接待规模相匹配的康养服务区域，配置必备的康养服务设施。

⑧有布局合理、整洁卫生、方便使用的卫生间。建立车位数量与接待能力相适应的生态停车场。

3.1.4.7 服务和接待要求

①各区域应整洁、卫生，相关设施应安全有效。

②客房床单、被套、枕套、毛巾等应做到每客必换，并能应康养人群要求提供相应服务。

③拖鞋、杯具、康养服务器械等公用物品应一客一消毒。

④卫生间应每天清理不少于一次，无异味、无积水、无污渍。

⑤应有有效的防虫、防蛇、防鼠等措施。且提供或推荐多种特色康养餐饮产品。

⑥接待人员应热情好客，穿着整齐整洁，礼仪礼节得当。

⑦接待人员应熟悉当地康养文化和特色产品，用普通话提供服务。掌握并熟练

应用相应的服务技能。能做到满足康养人群合理需求，提供相应服务。

⑧接待人员应保护康养人群隐私，尊重宗教信仰与风俗习惯，保护康养人群的合法权益。

⑨夜间应有值班人员或值班电话。

⑩宜提供包含但不限于休闲、健身、养生、疗养、认知、体验、夜游、食疗、常态化节庆演艺活动等产品。

3.1.4.8 特色要求

①森林康养人家主人宜有亲和力，康养人群评价高。应提供不同类型的特色客房。

②应定期开展员工培训，效果良好。

③应建立食品留样制度。

④应建立设施设备维护保养、烟道清洗、水箱清洗等管理制度，定期维保、有效运行。

⑤应建立健全水电气管理制度，有台账记录。

⑥应提供线上预订、支付服务，利用互联网技术宣传、营销，效果良好。

⑦应购买公众责任险以及相关保险，方便理赔。

⑧应有倡导绿色消费、保护生态环境的措施。

⑨应为所在乡村（社区）人员提供就业或发展机会，参与地方或社区公益事业活动。

⑩应参与地方森林康养文化传承、保护和推广活动，定期为康养人群组织相关活动，有引导康养人群体验地方文化活动的措施。

⑪应利用当地特色森林康养资源开发康养商品和文创产品，与当地居民有良好互动。

3.1.4.9 环境管理

①项目建设应符合环境保护要求。

②各种保健、健身、理疗、游乐，食宿设施设备符合环境保护要求，设施、器材及建筑物采用生态环保材料。

3.2 按服务特征划分

3.2.1 康复疗养

3.2.1.1 概念

康复疗养是指凭借疗养地所拥有的特殊自然资源条件、先进或传统的医疗保健技艺、优越的设施，将休息度假、健身治病结合起来的专项活动。

3.2.1.2 现状分析

（1）市场需求

随着人口老龄化、疾病谱的变化以及人们对健康重视程度的提高，康复疗养产业的市场需求呈现出快速增长的趋势。老年人由于生理机能逐渐减退，容易患上各种慢性病，如心脑血管疾病、糖尿病、骨关节病等。这些疾病往往需要长期的康复治疗和护理。慢性病和精神类疾病通常与心理、生理、环境等多种因素有关，森林释放丰富的负离子、芬多精等生物化合物，可以起到调节中枢神经、缓解精神压力、调理内分泌机能等作用，有利于提高人体免疫力，因此，康复疗养产业的需求将持续增长。

（2）产业链条

康复疗养产业链条涉及多个环节，包括康复疗养机构、康复医疗器械和辅助器具、康复疗养技能和护理人员、康复辅助服务、技术研发和生产、政策支持和监管以及国际合作与交流等。这些环节相互关联，共同构成了完整的康复疗养产业链条。

康复疗养机构：提供康复疗养服务的机构，包括医院、康复中心、疗养院等。这些机构通常配备有专业的康复医护人员和康复设备，能够为患者提供全面的康复治疗和护理服务。

康复医疗器械和辅助器具：康复疗养机构需要使用各种康复医疗器械和辅助器具，如物理治疗设备、运动康复器材、心理疏导设备等。这些设备和器具能够帮助患者进行康复训练和恢复功能。

康复疗养和护理人员：康复疗养机构需要配备专业的康复疗养技能人员和护理人员，包括健康管理师、公共营养师、保健调理师、保健按摩师、保育师、芳香保健师、中医康复医师、护士等。这些人员能够根据患者的具体情况制定个性化的康复疗养方案，并进行专业的康复疗养和护理服务。

康复辅助服务：康复疗养机构还需要提供一些康复辅助服务，如营养咨询、心理支持、社会工作等。这些服务能够帮助患者全面恢复身心健康，提高生活质量。

康复技术研发和生产：为了提高康复疗养机构的服务质量和效果，需要不断研发和生产新的康复技术和产品。这些技术和产品包括康复器械、辅助器具、康复疗养方案等，能够满足不同类型康复疗养群体的需求。

政策支持和监管：目前，政府对于康复疗养产业的发展给予了高度重视和支持。国家出台了一系列扶持政策，如《关于加快推进康复医疗工作发展的意见》等，为企业的发展提供了有力的保障。此外，国家林业和草原局也发布了《关于促进森林康养产业发展的意见》，明确了森林康养产业发展的目标和方向。

国际合作与交流：康复疗养产业可以与国际上的相关机构进行合作与交流，共享康复疗养的最新技术和经验，共同推动产业发展。

3.2.1.3 特点

（1）环境优美

以康复疗养为主题定位的森林康养基地需要依托于森林环境，具有独特的自然景观和生态环境，能够为老人、慢性非传染性疾病患者及孕产妇等群体提供优美而舒适的居住环境。

（2）服务多元

康复疗养产业涵盖了康复治疗、护理、康复训练、心理疏导、健康咨询、营养指导等多个方面，更加注重疾病康复和养生保健，为患者提供全方位的康复服务。

（3）方式独特

森林康复疗养基地依托于优越森林环境，通过森林浴、药浴、针灸、按摩、疗养功法，借助康复辅助器具等方式，达到帮助患者康复疗养的功效。

3.2.1.4 康复疗养项目

康复疗养项目开发的目标是提供全面、个性化的康复疗养方案，帮助患者恢复身体功能，提高生活质量。通过开发适合不同人群的康复产品和服务，可以满足不同患者的康复需求，提供更好的康复效果。康复疗养项目的开发可针对康复疗养机构或基地，开发一系列康复疗养产品和服务，以满足不同人群的康复需求。这些产品可以包括康复设备、膳食调理食谱、康复训练课程等。在康复疗养产品开发过程中，需要充分考虑患者的特殊需求和康复目标。例如，对于运动损伤的患者，可以开发专门的康复器械和训练课程，帮助他们恢复运动能力；对于老年人群体，可以开发适合他们的康复辅助器具和膳食养生食谱，帮助他们保持自理生活能力和合理的饮食搭配。开发康复疗养需要综合考虑患者需求、康复目标、市场趋势和技术发展等因素，通过不断创新和改进，为患者提供更好的康复疗养服务，提高康复效果和生活质量。

开发项目可包括但不限于森林康疗中心、森林颐养中心、森林养生酒店以及森林浴、针灸、按摩、药浴、日光浴、中草药药疗等多种形式的疗愈身心的项目，搭配较为专业的健康检查、健康咨询、健康档案管理、健康服务就形成完整的康体疗养套餐。

（1）森林食疗法

森林植物和动物含有丰富的营养物质和生物活性成分，这些成分对人体有益。例如，水果中的纤维素、维生素 C 等成分可以促进消化、降低胆固醇；野生坚果中的不饱和脂肪酸、蛋白质等成分可以保护心脏、降低血压；药食同源的膳食可以起到调理身体、强健体魄的作用。此类产品开发中可注重利用森林中的天然食物来改善疾病或促进健康。但是，需要注意的是，森林食疗法并不适用于所有疾病，也不能替代正规医疗。

（2）森林作业疗法

森林作业疗法是一种通过参与森林中的体力活动和园艺手工等活动来促进身心健康和康复的治疗方法。它基于森林环境对身体和心理的积极影响，包括森林中的氧气、负离子、声音、光线、气味和触觉等，改善身体的免疫系统、减轻压力、缓解焦虑和抑郁等心理问题。它可以提高心肺功能、增强肌肉力量和灵活性、改善睡眠质量等。此外，森林作业疗法还可以促进人与自然的联系，增强自我意识和自我控制能力，提高自尊心和自信心，可以作为一种辅助治疗手段，帮助人们改善健康状况。

（3）森林禅修

森林禅修的目的是培育和锻炼心灵。通过禅修，人们可以逐渐体会到内心的平静与放松，并能够减轻压力、缓解焦虑和抑郁等心理问题。禅修的正确方式类似于冥想，是一种锻炼身体的方式，不同的是，禅修是对心性的修炼，而冥想则是通过专注于当下的状态来提高对自身的觉察能力。禅修的方法有很多种，其中最常见的是打坐。在打坐时，需要选择一个安静、舒适的地方坐下，闭上眼睛，专注于自己的呼吸和身体感觉。此外，还可以通过内观和静心等方式来达到内心的平静和放松。禅修不仅可以帮助我们消除焦虑，保持心理健康，更可以培养多种正面的心理状态。对于初次尝试禅修的人，建议每天练习 30 分钟或者稍长时间。

（4）森林冥想

森林冥想是一种通过在森林中静坐、呼吸和观察来达到内心平静和放松的冥想方法。冥想的种类多样，包括正念冥想、内观冥想、呼吸冥想等，这些冥想方法都以求达到心静如水、专注力提升、情绪控制能力增强为目标。它基于森林环境对身心的积极影响，包括森林中的氧气、负离子、声音、光线、气味和触觉等。森林冥想可以减轻压力、缓解焦虑和抑郁等心理问题，提高注意力和专注力，增强自我意识和自我控制能力，促进身心健康和平衡。此外，森林冥想还可以帮助人们与自然建立联结，增强对自然的敬畏和保护意识。进行森林冥想时，需要选择一个安静、舒适的地方，闭上眼睛，专注于自己的呼吸和身体感觉。可以观察周围的自然环境，感受森林中的声音、气味和触感等。同时，也可以想象自己与自然融为一体，感受到大自然的力量和能量。冥想大致分为放松身体、调节呼吸和注意聚焦 3 个阶段，放松身体和调整呼吸以 5 分钟为宜，聚焦阶段以 15～20 分钟为宜。在森林中冥想，首先要综合考虑光照强度、五感体验和个人喜好等因素。其次，选择舒适的冥想姿势，可以仰卧，也可以采用坐姿，取掉所有配饰，松开腰带，有意识地让身体各部位紧张的肌肉松弛下来。最后要注意呼吸节律，平缓地吸气、呼气。调整呼吸多次后，再把注意力集中在特定对象上。

（5）音乐疗法

音乐可以舒体悦心、流通气血、宣导经络，与药物治疗一样，对人体有调治的功能。音乐有归经、升降浮沉、寒热温凉等各种特性。而且音乐需要炮制，同样的乐曲，使用不同的配器、节奏、力度、和声等，彼此配伍，如同中药处方中有君臣佐使的区别一样。用音乐治疗，也有正治、反治。让情绪兴奋者听平和忧伤的乐曲，是最常用的方法，还可以使乐曲与情绪同步，帮听者宣泄过多的不良情绪，例如，以如泣如诉的乐曲带走悲伤、以快节奏的音乐发泄过度兴奋的情绪。

3.2.2 健康养老

3.2.2.1 概念

健康养老是指通过一系列措施和手段，提高老年人的生活质量，保持其身心健康。健康养老不仅关注老年人的基本生活需求，还注重提高老年人的精神生活品质，包括社交、心理、文化等方面的需求。

3.2.2.2 现状分析

（1）市场需求

健康养老产业是一个朝阳产业，它集卫生医疗、康养旅游、生态环保、食品药品、文化科技、体育娱乐、互联网、大数据等多个领域于一体。随着社会老龄化的加速，这一产业在中国得到了迅速发展。据前瞻产业研究院的数据，到2022年，我国养老产业市场规模已达到约9.4万亿元。根据2023年7月国家卫生健康委发布的数据，我国居民的预期寿命在2022年已经提高到78.4岁，但整体健康预期寿命为68.5岁，这意味着我国居民约有9.7年的时间带病生存。这进一步强调了养老服务和医疗服务在健康养老产业中的重要性。总的来说，健康养老产业的市场需求在持续增长，涉及多个领域和技术的融合。

（2）产业链条

健康养老产业链条包括了养老服务、医疗服务、康复服务、护理服务、心理咨询服务等多个环节。这些环节相互关联，共同构成了一个完整的健康养老产业生态系统。同时，随着科技的发展和老龄化趋势的加剧，健康养老产业链条也在不断地拓展和完善。

（3）政策支持

国家相继出台了《国家积极应对人口老龄化中长期规划》和《国务院关于实施健康中国行动的意见》等政策措施，来应对人口老龄化问题，进一步推动智慧健康养老产业的发展。

3.2.2.3 特点

（1）健康养生

健康养老注重老年人的身体健康和心理健康，提供专业的医疗、康复、保健等服务，帮助老年人保持健康的身体和积极的心态。

（2）个性化服务

健康养老注重个性化服务，根据老年人的需求和偏好，提供定制化的服务方案，让老年人能够得到最好的照顾和服务。

（3）文化娱乐性

健康养老为老年人提供丰富多彩的文化娱乐活动，如书法、绘画、音乐、舞蹈等，让老年人在享受生活的同时，也能够保持积极向上的心态。

3.2.2.4 健康养老项目

健康养老项目开发需要结合国家政策、市场需求和科技发展等因素。目前，智慧健康养老产业是我国政府大力支持的新兴产业。其核心是利用物联网、云计算、大数据、人工智能等新一代信息技术产品，满足人民群众的健康及养老服务需求。在具体开发过程中，可以以老年人的需求为导向，提供健康管理类智能产品、老年辅助器具类智能产品、养老监护类智能产品等多种产品，充分利用物联网、大数据等技术，实现个人、家庭、社区、机构与健康养老资源的有效对接和优化配置。消费能力强、生活品质高的低龄健康老年人也是一个值得关注的市场群体，他们对于全方位、高品质的生活方式服务有着明显的需求。为这部分人群提供精致、高端的养老服务产品也是养老项目开发的一个重要方向。

3.2.3 自然教育

3.2.3.1 概念

自然教育是以自然环境为背景，以人类为媒介，利用科学有效的方法，使体验者融入大自然，通过系统的手段，实现体验者对自然信息的有效采集、整理、编织，形成有效逻辑思维的教育过程。培养少年儿童学会自立、自强、自信、自理等综合素养的同时，树立正确的人生观、价值观，均衡发展，解决教育过程中的个性化问题，培养面向一生的优质生存能力。

3.2.3.2 现状分析

（1）市场需求

自然教育市场需求在近年来显著增加，尤其是青少年年龄段受到多方面因素的推动。作为学校教育和家庭教育的有效补充。首先，随着城市化发展和人口密度增加，大部分人群与自然接触的机会正在逐渐减少，儿童出现身体肥胖、注意力紊乱、性格暴躁和心理抑郁的现象显著增加。而自然教育可重建儿童与自然的联系。针对中小学生肥胖、近视、自闭等特殊群体开发的森林生物认知、森林环境认知、森林文化科普等森林自然教育课程越来越被大众所喜爱。其次，由于国家政策红利、素质教育发展和家庭收入提高等因素，亲子市场和研学市场逐渐成熟。加入自然教育、生态文明教育的内容将促使自然教育行业迎来爆发式增长期。自然教育的课程形式多样，以活动为主，而非传统意义上的课程。这种灵活性使得自然教育可以有效地与研学、亲子、休闲度假等项目相结合。

（2）产业链条

自然教育产业链条涵盖了多个环节，包括内容研发、场地提供、培训机构、活动组织以及技术支持等。首先，课程研发是自然教育的核心，主要涉及制定课程、设计活动和编写教案等工作。随着环境的变化，自然教育的性质与内涵也在发生着巨大的变迁，如学科的多样化、课程的差异化以及知识复杂化等。这就要求相关机构能够及时调整和更新其教育内容，以满足学生的需求。其次，场地提供环节为自然教育活动提供了必要的实地场所，这些场所可能包括自然保护区、森林公园、森林康养基地等。再次，培训机构负责培训自然教育工作者和志愿者，以确保他们具备专业知识和技能。随着自然教育的发展，教师和学生的数量也在激增，这就需要有更多专业的人才投入到这个行业中来。第四，活动组织方是涉及具体的自然教育活动的组织和实施，如户外探险、环境教育和研学旅行等。最后，技术支持包括为自然教育活动提供必要的技术设备和支持，例如，野外生存装备、生态观测工具等。在新时代生态文明理念的引领下，更多人开始重新审视人与自然的关系及健康环境对人类未来可持续发展的意义，人与自然和谐共生的理念在人们心中日益根深蒂固，在此背景下，自然教育产业的发展方兴未艾。

（3）政策支持

自然教育作为一个重要的环保和文化传承活动，得到了政府的大力支持。首先，政府发布指导文件，大力推动自然教育的发展，以加快落实生态文明建设的战略部署。全面摸清中国自然教育状况和基础数据，是制定自然教育战略、规划和政策的重要基础。其次，政府鼓励和支持各行业、各部门建立科普教育、研学、自然教育等基地，提高科普服务能力。引导和促进公园、自然保护区、风景名胜区、森林康养基地等强化科普服务和自然认知。可以说，政府通过多种方式为自然教育的发展提供了有力的支持和保障。

3.2.3.3 特点

（1）直观性

自然教育依托于自然环境，使学生能够在实践中直接接触和感知自然，获得更深入和全面的学习体验。自然教育通过在自然环境中开展活动，让学生直接观察和感受自然现象，以建立对自然的直观认识。自然教育更加强调实践操作，学生通过动手做、实地考察等方式，进行直接的学习和体验，这种学习方式比单纯的理论学习更直观、更真实。因此，自然教育还注重培养学生的观察力、思考力和创新力，鼓励他们主动探索和发现，从而获得更深入的理解和认识。

（2）实践性

自然环境教育倡导启发式、互动式的学习方式，而非单纯的理论讲解或单调的说教。其需要充分调动学生的“视听触味嗅”，使学生能够通过全身心的体验和学习来感知和理解自然。特别是在当前教育背景下，自然教育的实践性特点对于破解“自然缺失症”困境、提升青少年身心健康具有重要意义。

（3）开放性

自然教育倡导开放的学习环境，鼓励学生自由探索和发现。自然教育也注重开发和激发学生的思维潜能，让学生从小敢问、能问、善问。这种开放性的思维方式不仅有助于提升学生的创新能力，也有利于培养学生解决问题的能力。这种开放性的合作模式有助于集思广益，提升自然教育的质量和效果。

（4）情感性

首先，自然教育强调在与自然的亲近中获得情感能量。这种体验式的教育让学生有机会直接感受和理解自然，从而培养他们对自然的热爱和尊重。其次，自然教育关注情感的启迪和提升，通过各种活动和实践，引导学生表达和调控自己的情感，使他们能够更好地理解和处理与自然相关的问题。自然教育也注重培养学生的同理心和责任感。通过接触和了解自然界的各种生物和生态系统，学生可以学会尊重生命、珍惜资源，并意识到自己的行为对自然环境的影响。这不仅有助于增强学生的环保意识，也有利于培养他们的社会责任感。

3.2.3.4 自然教育活动

这里简单举例几个森林康养基地中的自然教育项目：

（1）五感体验型活动

森林是最受欢迎的自然活动空间，在森林中可以开展很多有趣的游戏和探秘大自然的活动。周彩贤等人（2016）认为自然教育项目应该用直接体验去触动心灵，在林间开展的活动较为常见的有“我的树”“聆听大自然”“声音地图”“落叶的祝福”等，这类活动可见于周彩贤等主编的《自然体验教育活动指南》中。

（2）手工创作型活动

自然教育手工制作活动是一种以大自然为素材，通过动手制作的方式让孩子们更好地认识和理解自然的教育活动。这些活动可以培养儿童的动手能力和创造性思维，同时也能让他们更加尊重和热爱自然。例如，《自然中来》（2018）是一本由德国设计师萨宾娜·洛芙创作的书，其中包含了100多个创意作品，都是对自然材料进行加工、改造的结果。这些素材都很容易搜集到，如蒲公英、荠菜、狗尾巴草、玉米、板栗、南瓜、鹅卵石和蜗牛壳等。孩子们可以通过这些活动，走进自然美学的创意殿堂。

（3）场地实践型活动

自然教育中常见的场地实践型活动包括但不限于观察、探索、实验等形式。这些活动通常是在具有丰富自然资源的自然保护地、自然教育基地或森林康养基地中进行，如森林、湿地、山区等。在这些场所，可以开展诸如生态探险、野生动植物观察、环境保护主题的解说牌示阅读、自然文化体验等活动。除此以外，室内活动场所和户外活动区域也是重要的实践场地。在这些地方，可能会设有专门的设施以适应公众需求，如多媒体设备、教育场馆、展览展台等。为了保证活动的顺利进行和参与者的安全，每个自然教育实践基地都应有不少于 2 人的自然教育专职人员，他们的职责分工明确，能够确保各项设施正常运转和活动有效开展。例如，《自然体验教育活动指南》介绍了大量的场地实践性创意作品，包括对森林经营、野生动物保护等方面的内容，如林木认养、植树活动、手工步道、树木气球、猜猜我有多少碳、森林铭牌、森林之源、森林自然名接龙、爱自然学习站、蝴蝶的一生等。孩子们可以通过这些活动，开启自然认知和创造力的殿堂。

3.2.4 运动康养

3.2.4.1 概念

运动康养是指通过运动来促进身体健康和康复的一种方法。它包括了各种形式的运动，如散步、慢跑、游泳、瑜伽等，旨在提高身体的机能和免疫力、预防疾病、缓解疼痛和恢复身体功能。运动康养的概念源于古代中医理论，认为人体内部存在着阴阳平衡和气血流通的状态，而运动可以调节这种状态，达到保健养生的效果。现代医学也证实了运动对身体健康的积极作用，如降低血压、改善心血管功能、增强骨密度等。

3.2.4.2 现状分析

（1）市场需求

随着人们生活水平的提高，对健康和养生的重视程度也在不断提高，越来越多的人开始意识到保持健康的重要性，而运动康养正满足了这个市场需求。对于老年人市场，他们希望通过运动来保持身体健康、延缓衰老、预防疾病等；对于女性市场，她们希望通过运动来塑造身材、改善皮肤状态、缓解压力等；对于青少年市场，他们希望通过运动来增强体质、塑造好身材、提高自信心等；对于企业市场，越来越多的企业开始关注员工的健康状况，通过提供健身设施、组织运动会等方式来促进员工身心健康。

（2）产业链条

运动康养是在大健康产业大发展的背景下，运动与医学相结合发展起来的一类重要的康养产业，其本身是多学科交叉的专业，包括器械康复、徒手康复、患者主动运动等方式修复运动功能。而森林中开展运动康养是通过在自然环境中进行各种体育运动和健身活动，来促进身心健康、增强免疫力、缓解压力和改善睡眠质量的一种健康养生方式。森林运动康养产业链条主要包括森林旅游、森林医疗、森林运动以及森林养生。这些环节的融合发展，不仅延长了林业休闲旅游产业链，同时也促进了户外运动和相关设施的建设。

（3）政策支持

国家出台了《关于加快发展健身休闲产业的指导意见》等政策措施，进一步推动运动康养产业的发展。后续还会出台更多扶持政策支持运动康养产业发展。这些政策都为森林运动康养产业的发展提供了有力的保障和支持。

3.2.4.3 特点

（1）以森林环境为基础

森林运动康养以森林生态环境为基础，利用森林生态资源、景观资源、食药资源和文化资源，并与医学、养生学有机融合，开展运动保健养生、康复疗养等服务活动。

（2）个性化服务

由于森林环境具有多样性、复杂性、开放性等特点，能够为不同人群开发类型多样、活动丰富的活动，根据运动康养需求提供个性化服务，例如针对老年人、儿童、女性等不同群体设计不同的运动方案。

（3）科技化发展

随着科技的不断进步，运动康养也开始采用各种新技术来提高服务质量和效率。例如，通过智能设备监测用户的身体状况和运动数据，为用户提供更加精准的运动建议和指导。

3.2.4.4 运动康养项目

常见的森林运动康养项目有丛林穿越、森林瑜伽、持杖行走、森林CS、定向运动、森林拓展、山地自行车、山地马拉松、森林极限运动、森林球类运动等。

（1）森林漫步

森林漫步是一种利用特定森林环境和林产品开展的活动。主要通过在森林中漫步，实现增进身心健康、预防和改善疾病的目标。进行森林漫步时，人们可以呼吸新鲜空气，享受森林的美景，在沿途的森林书吧休憩，与文字相伴，体验休闲慢生活。

（2）丛林穿越

丛林穿越是一项刺激且富有挑战性的户外运动，利用树林里布置的游乐设备，融合了冒险、运动、娱乐和挑战的元素。这项活动通过在林间设置并建设各种不同难度和风格的关卡，让参与者有机会体验到高空坠落与自由滑翔的刺激感受，同时也能感受到森林攀登与林间穿梭的乐趣。丛林穿越项目因其独特的魅力和高度的挑战性，近年来在青年群体中广受欢迎，很多景区也纷纷开始投资建设此类项目以满足市场需求。无论是周末游玩还是专门的户外探险，丛林穿越都能为参与者带来一次难忘的体验。

（3）森林瑜伽

森林瑜伽是把瑜伽和冥想融为一体，在森林环境下进行的户外运动。这项活动更深层次地将人与自然和谐相处的理念融入日常生活中，让人们在优美的自然环境中开展瑜伽运动，尽享森林的恬静与宁谧。参与者置身于林间的草地上，身旁的山花竞相开放，风声和鸟声共鸣，在这样的环境下开展瑜伽运动，可以让人跳出心灵的桎梏，回归自己内心的那份本真。

（4）森林极限运动

森林极限运动是一项结合了自然环境和极限挑战的运动形式，主要包括森林极限跑酷赛、森林马拉松、森林极限轮滑赛、自行车山地挑战赛等专业极限赛事。这些赛事不仅具有高度的观赏性，同时也充满了挑战性。参与者需要具备一定的体能和技术，以应对比赛中可能遇到的各种困难和挑战。这些赛事旨在鼓励更多的人参与到极限运动中来，感受自然的魅力和挑战的乐趣。

4 森林康养运营

运营是指一切围绕产品，针对目标客户进行的拉新、激活、留存、变现、裂变的直接或间接的工作。对于森林康养这一新兴产业的运营，其根本思路是通过用户思维驱动运营工作。通过挖掘客户需求，根据客户需求不断提升产品体验，达到促进用户的拉新、激活、留存、变现、裂变，最终实现营收增长。因此，森林康养规划、产品开发和营销是森林康养运营的基本核心要素。

4.1 森林康养基地总体规划

森林康养基地的建设与运营涉及多个环节，而总体规划是其中较为重要的环节之一，它是森林康养基地建设和运营的重要依据，涉及对一个特定地区的自然资源、社会经济条件以及当地居民的需求进行综合考量。森林康养基地旨在利用森林的自然环境和资源，为人们提供一个促进身心健康、休闲放松的场所。规划的目的是确保这些区域的可持续发展，同时兼顾生态保护、社会经济效益和游客的康养需求。森林康养基地的总体规划需要考虑基地的基础条件、资源特色、发展定位、空间布局、功能分区、产品打造等。

4.1.1 总体规划步骤

4.1.1.1 现状调查与资料收集

开展此项工作的主要依据是《森林康养基地总体规划导则》，该规程将森林康养基地定义为以森林资源及其赋存生态环境为依托，通过建设相关设施，提供多种形式森林康养服务，实现森林康养各种功能的森林康养综合服务体（杨春兰，2021）。基于此，在开展总体规划编制前，应开展外业调查和重点收集相关资料。现状调查应依据森林康养基地的功能特征和实际需要，提出相应的调查提纲和指标体系，进行统计和典型调查。故现状调查是在综合多学科，进行深入考察和调查研究的基础上，取得完整、准确的现状和历史基础资料。

资料收集主要包括：①规划区自然地理条件、交通区位条件、森林康养资源、设施条件、社会经济、旅游区位条件（森林风景资源概况、生态环境质量、选址合理性分析、基础设施建设情况等）。②其他资料：与森林康养基地建设有关的土地利用、城乡、旅游、交通、环保等规划材料，市（县）旅游规划等资料。③图件资料：规划区的林业矢量数据库、最新版行政图、1∶25万~1∶10万比例尺航片或卫片、1∶1万比例尺重点调查区域地形图等。④与森林康养基地相关的文献、规程、规范、标准及案例等。

4.1.1.2 规划编制

在前期外业调查和资料整理的基础上，开展规划提纲和规划方案的编制，明确总体规划所包含的章节、附表、附图及附件等，并征求主管部门和相关专家意见。在所确定规划范围和面积基础上，按照规划技术规程要求，明确发展目标、确定主题定位，进行功能分区、客源市场分析与预测、制定规划方案、分析康养人数容量等。总体规划应以康养产品、资源与环境保护、设施工程、康养林经营四大系统为重点进行编制。

4.1.1.3 组织评审

申报省级森林康养基地《森林康养基地总体规划》编制完成后，一般由省级林业主管部门组织评审，建设单位修改完善形成成果同时上报省林业主管部门备案；申报国家级森林康养基地需要省级林业主管部门进行推荐并上报给国家林业和草原局。各森林康养基地可依据《森林康养基地总体规划》编制《森林康养基地详细规划》或具体实施方案后组织实施。

4.1.2 总体规划主要内容

4.1.2.1 基本情况

基本情况包括地理位置与范围、自然地理概况、交通与旅游区位条件、社会经济、建设条件及评价、SWOT分析6个部分，通过对建设条件中的森林资源、生态环境质量和开发利用条件进行量化打分评价后，对森林康养基地进行分级评价，确定基地建设定位。

（1）地理区位和社会经济条件评价

针对森林康养基地的区位条件、内外部交通、设施条件、社会经济状况、土地开发利用情况进行综合评价，分析森林康养的建设可行性。

（2）森林康养资源条件评价

森林康养资源条件评价包括对森林康养基地的空气质量、生物资源、水文资源、气候资源、人文资源、森林风景资源等的评价。森林风景资源评价主要依据《中国森林公园风景资源质量等级评定》，对森林康养基地的风景资源质量进行评价分析，风景资源主要包括地文、水文、生物、人文、天象五大类资源。综合分析、评价其资源价值和旅游价值，在保证基地的可持续发展前提下，进行科学、合理地开发利用。

（3）基础设施条件评价

主要是对森林康养基地基础设施建设的合理性、适用性、科学性、安全性及利用效率进行分析评价，对森林康养基地建设发展的必要性、存在问题以及发展对策和规划重点进行评价。

（4）综合建设条件评价

在对森林康养基地的区位条件、森林风景资源质量、生态环境质量进行综合评价后，对森林康养基地进行综合评价，明确发展方向及适宜开展的森林康养项目。

4.1.2.2 规划总则

总则是对总体规划的高度概括，主要包括规划思想、规划原则、主题定位、规划目标、功能分区5个部分。

（1）规划思想

规划思想是总体规划的灵魂，重点阐述森林康养基地建设理念和定位，起到战略性、纲领性和引领性的作用。森林康养基地以生态保护为前提，利用当地的森林康养资源，研究和确定森林康养基地规模和空间布局，统筹安排基地各分区建设，合理配置各项基础设施，处理好资源保护与利用的关系，建设生态保护、健康养生和资源可持续利用的示范基地。

（2）规划原则

规划原则是总体规划中必须重点把握的问题之一，地位仅次于指导思想，但更有针对性、原则性。在《森林康养基地总体规划导则》中提出体现“严格保护、科学规划、统筹协调”的发展方针，遵循“生态优先、合理利用、因地制宜、突出特色、尊重市场、积极创新”的原则。

（3）主题定位

主题定位应依据基地的资源基础、典型特征、区位关系、发展对策等因素综合确定，定位要凸显基地核心特色和主要功能（王明旭，2018）。

（4）规划目标

规划目标分为总体目标和分期目标。总体目标是指森林康养基地建设的宏观愿景；分期目标分为近期目标和中远期目标。

（5）功能分区

根据森林康养基地的主题定位和发展目标，可将基地划分为各类功能区域，《森林康养基地总体规划导则》中基本要求有森林康养区、体验教育区、综合服务区，在此基础上，各基地可根据不同的需要，以突出特色为重点划分功能分区。如从生态角度划分为一般游憩区、核心保护区、管理服务区、生态保育区；从旅游发展角度划分为旅游核心区和旅游依托区；以康养能满足的消费者需求的角度划分为医疗区、保健修复区、康体健身区等。

4.1.2.3 分项规划

（1）森林康养产品规划

森林康养基地的康养产品规划旨在依托所在区域的旅游资源特点和开发利用条件，深挖康养产品内涵，通过对森林生态、文化特性的梳理总结，将森林的特点与康体养生有机融合，针对不同客源群体规划相应的康养产品，开发森林康养产品体系。

（2）环境容量估算与客源市场分析和预测

在保证康养资源可持续发展、满足游客的康养需要的前提下，通过客源的地理分布、目标客源地社会经济状况分析游客来源、数量、消费水平，预测森林康养基地的游客规模，评估最优效益，并在结合现状和未来发展趋势的基础上合理推算规模增长速度，预测未来市场规模。

客源市场包括国内市场和国外市场，从市场发展机会、未来发展趋势和重点核心市场 3 个方面，对康养人群的来源、年龄、数量等做综合评估，预测康养人群的规模。

（3）设施工程规划

森林康养基地设施规划应依据基地各功能区的性质和特点，游人规模与结构，以及用地、资源、环境等条件，合理设置相应种类、级别、规模的设施项目（柳红明等，2018）。包括道路交通系统、康养服务设施、安全设施、商品与购物设施、解说系统和智慧康养设施。

（4）服务能力规划

森林康养基地服务能力规划是确保基地能够提供高质量、多样化并且可持续地服务以满足访客需求的重要组成部分。应根据基地主题定位、客户需求，合理设置森林康养服务团队、配套的医养服务设施、健全的培训体系，在丰富森林康养内容与形式的基础上进行靶向推广和营销。

（5）资源与环境保护规划

森林康养基地坚持保护优先、合理利用的原则，在保护规划区原真性的前提下进行合理利用。总体规划提出了对康养基地规划范围内景观资源和生态环境保护的主要措施。森林景观资源保护重点是禁止毁林开垦、野外用火、捕猎采摘，保护历史文物、野生动物、珍稀植物，减少非必要建筑，减缓文化冲击，减轻山林负荷。生态环境保护重点从大气、水体、山体、生活垃圾处理、环境监测等方面制定保护措施。

（6）防灾应急规划

防灾应急管理规划是综合了考虑地质、气象、火灾、伤病等诸多危险，提出建立预警机构、制定应急预案、加强灾害防控、组建救援队伍、施救人员培训、印发应急手册、配备救援设施、实行安全监控等防灾与应急管理方案，保障体验者在康养基地的安全。

（7）康养林经营规划

森林康养基地康养林经营规划应尽量采用近自然林经营技术，在合适地段营建景观优美、林分健康、生态优良、功能健全的森林康养林体系。结合功能区布局，针对性营造和补植景观类、精气类和芳香类植物，提升森林康养功能（吴志文，2017）。针对性地营造及补植景观类、药材类、芳香类植物，结合森林康养活动需求，以医疗型、保健型和改善环境型树种为主体，因地制宜采用新建、补植补造和抚育等方式建设功能各异的康养林。

（8）土地利用规划

森林康养设施若涉及使用林地，应说明拟使用林地的森林类别、林地保护等级；根据康养基地的性质和康养产业发展的需求，因地制宜、科学合理地调整土地利用方式与结构，在保护好风景资源及生态环境前提下，布局健康养生、科普教育、运营管理和交通道路等基础设施用地，确定合适的用地规模。

4.1.3 投资估算与效益分析

4.1.3.1 投资估算

依据国家项目开发中资金管理的各项文件，对不同类别的工程进行投资估算，《森林康养基地总体规划》中基地建设项目投资估算范围一般包括工程费、工程建设其他费用（建设单位管理费、环境影响评价费、勘察设计费用、工程监理费、工程监理费、招投标费等）和预备费。

4.1.3.2 效益分析

森林康养基地的效益分析主要包括生态效益、社会效益和经济效益。

4.1.4 实施保障措施

森林康养基地总体规划的顺利实施离不开组织、政策、资金、管理和人才保障，要建立多级联动、通力协作的组织保障体系，建立健全的法律保障体系，由国家、地方、社会各界共同筹措资金，构建良性发展的管理体制，推进森林康养基地合理有序地建设发展。

4.1.5 规划成果组成

规划成果主要包括森林康养基地总体规划说明书、附表、附图、附件等。总体规划说明书、附表及附图应相辅相成、图文并茂，能够直观展示规划核心内容。规划图纸应全面反映康养基地的地理区位、景观资源、土地利用、功能分区、规划布局和专项规划等内容，主要包括区位条件交通分析图、土地利用现状图、资源现状分布图、功能分区图、总体布局图、土地利用规划图、康养服务设施规划图、道路交通规划图、给排水工程规划图、供电及通信网络工程规划图和近期建设项目布局图。根据森林康养基地规模和开发要求确定合理的图纸比例尺，一般为1∶2000~1∶10000。

森林康养基地总体规划要具备可操作性和前瞻性，尚需在更多方面进行完善和努力。尤其是在提升森林康养生态环境、丰富森林康养产品规划和打造森林康养服务团队等专项规划方面还需要深入研究。

4.2 森林康养产品服务项目开发

森林康养产品服务项目开发是森林康养运营的核心要素，同时也是客户引流的重要手段。森林康养产品服务项目开发需立足于本底资源和生态环境质量等资源禀赋及客户需求，为康养人群提供各种个性化的健康体验，如青少年森林康养体验项目、亚健康人群森林康养项目等。

4.2.1 产品服务项目开发原则

4.2.1.1 生态优先原则

森林康养产品服务项目开发以资源保护型和修饰型开发策略为主导，尊重、顺应、保护现有的自然生态系统，减少对自然环境和人文环境的破坏，避免基地建设中大拆大建，开发对生态系统有较大负面影响、损坏后难以修复的产品项目。

4.2.1.2 特色突出原则

森林康养产品服务项目开发应充分挖掘当地的自然和人文资源，体现基地的环境、历史和文化，突出特色，避免同质化重复建设。

4.2.1.3 融合创新原则

森林康养产品服务项目开发要树立市场需求和产品功能融合的理念，围绕吃、住、行、养、学、闲等要素展开，注重森林康养产业与其他产业的融合，创新森林康养产品服务项目开发。

4.2.1.4 品牌打造原则

森林康养产品服务项目开发应充分考虑产品的品位、质量及规模，注重产品服务项目的品牌效应，重点打造具有影响力的拳头产品和品牌产品。

4.2.1.5 有序开发原则

森林康养产品的开发需要准确调查和分析市场需求，瞄准目标市场，以自身特色资源为核心进行规划，做好产品的主题、目标、市场、功能定位，兼顾基地所在区域社会经济发展水平，强化产品服务项目的经济效益、社会效益、生态效益，做好开发规划。

4.2.2 产品服务项目开发路径

4.2.2.1 资源调查

森林康养资源调查是开发森林康养产品服务项目必不可少的路径，通过资源调查，能全面掌握森林康养本底资源种类、数量及分布，评估资源等级、生态环境状况及保护利用价值。资源调查是森林康养产品服务项目规划和开发最可靠的数据支持。

森林康养资源包括生态环境和森林风景资源。生态环境应调查大气质量、地表水质量、空气负离子水平、人体舒适度指数、空气细菌含量、声环境质量、环境辐射水平等环境状况。森林风景资源应调查自然景观资源和人文景观资源。自然景观资源应调查地文景观、生物景观、水文景观、天象景观等；人文景观资源应调查文物古迹、现代建筑、民俗风情等。

4.2.2.2 客户分析

（1）客户需求分析

通过对客户画像的分析，可以了解客户的需求、兴趣爱好、生活习惯等信息，从而设计出更符合他们需求的产品。例如，对于喜欢文学的客户，可以设计森林文化产品；对于喜欢森林科普的客户，可以设计一些森林科普类的产品。

（2）客户行为预测

通过对客户画像的分析，可以预测客户的行为，从而提前做好产品和服务的准备。例如，可以通过客户画像预测客户可能会对哪些康养产品感兴趣，从而提前准备好相关的产品和服务。

（3）客户满意度提升

通过对客户画像的分析，可以了解客户对产品的满意度，从而及时调整产品设计和开发策略，提升客户满意度。例如，如果发现大部分客户对某一款产品的评价不高，就需要及时调整产品设计，提升产品质量。

（4）客户价值挖掘

通过对客户画像的分析，可以发现客户的潜在价值，从而进行更有效的客户管理和服务。例如，可以通过客户画像，发现客户的潜在需求，从而提供更个性化的服务。

4.2.3 森林康养客户服务流程

森林康养客户服务流程一般包括初始面谈、健康评估、制定个性化康养方案、康养方案的实施以及康养效果回顾等。

4.2.3.1 初始面谈

通过初始面谈，了解并记录下客户的年龄、性别、健康状态、预期目标等信息，建立康养档案。森林康养师根据这些信息，结合基地资源特色和康养设施设备，与客户充分沟通。准确把握客户需求、体力和健康状态，确保康养课程的实施安全、有效。

4.2.3.2 健康评估

利用生理、心理和社会文化在内的健康评估原理和方法，将中医望、闻、问、切、心理学测评、调查问卷及现代医学检测仪器、智能可穿戴设备等健康评估手段有机结合，分析客户健康状况，梳理客户急需解决的康养问题，跟踪客户康养实效，为制定和及时调整康养方案提供依据。

4.2.3.3 制定个性化康养方案

根据初始面谈和健康评估，详细了解客户的身体状况和个人需求，除了森林康养的通用产品之外，还应结合客户的实际情况增加特定产品，制定个性化的康养方案。康养师应该与客户有效沟通，为客户提供合理化建议，与客户达成康养共识，切忌单方面地强制推销康养方案。

4.2.3.4 康养方案的实施

康养方案实施前应提醒体验者备好饮用水、常用药品，穿着适合运动的衣裤、防滑鞋。实施过程中要记录体验者心理感受，必须时刻关注体验者的需求，根据康养体验者的反馈及时调整方案，切忌生搬硬套。

4.2.3.5 森林康养效果回顾

通过森林康养结束后的健康测评及反馈面谈，向客户反馈本次森林康养的成果，为客户提供后续康养建议，增强客户黏度，将森林康养生活方式融入日常生活中。获取康养客户信息反馈和建议，进一步提升制定个性化康养方案的能力。

常见的康养产品及项目服务实例见本书数字资源部分。

4.3 森林康养产品与服务营销

随着消费持续升级，生态旅游、康养旅游等成为越来越多消费者的新选择，森林康养产业迎来快速发展的红利期。在此背景下森林康养如何制定合适有效的营销策略，提升产品与服务吸引力，以此来吸引更多的消费者，从而促进森林康养产业的长远发展，变得尤为重要。因此，本节主要介绍在对森林康养产品与服务营销环境分析的背景下，如何通过对产品、价格、促销、渠道 4 个方面的优化，提升森林康养产品与服务的知名度和美誉度。

4.3.1 森林康养产品与服务营销环境分析

4.3.1.1 宏观环境分析

宏观环境是指各地区之间的政治、经济、文化、自然环境以及社会文化等环境因素。这些宏观环境属于不可控因素，任何组织都处于宏观环境影响之中，这些宏观环境可以提供发展的机会和前景，同时也在某种程度上带来一定的威胁和约束。环境分析是制定森林康养产品与服务营销策略的关键环节和要素。通过对环境的分析，可以识别和发现环境中各种有利或制约自身发展的因素，为产品与服务营销策略的制定提供依据。一般情况下，宏观环境的分析方法是 PEST 外部环境分析模型。PEST 外部环境分析模型包括政治法律环境因素（Politics）、经济环境因素（Economic）、社会文化环境因素（Society）和技术环境因素（Technology）。政治法律环境因素是指一个国家的社会制度、政府颁布的法律法规、政府机构和在社会上对各种组织有实际或潜在影响力和制约的因素；经济环境因素是指一个国家的国民收入、国民生产总值、经济发展水平以及未来的发展趋势，企业所在地区或所服务地区的消费者收入水平、消费偏好、就业程度等；社会文化环境因素是指一个国家或地区的国民教育程度和文化水平、宗教信仰、价值观念及风俗习惯等；技术环境因素是指与企业有关的新工艺、新方法、新技术、新材料的产生和发展趋势及其应用情况（徐泓等，2012）。

对于森林康养来说，政治法律环境因素主要涉及地方或国家的利好政策以及国家林业和草原局、地方林业局等的扶持，如《健康中国行动（2019—2030 年）》《国家林业和草原局关于促进林草产业高质量发展的指导意见》《贵州省森林康养发展规划（2021—2025 年）》等对于森林康养未来发展具有前瞻性和指导性的文件；经济环境因素包括森林康养潜在消费市场内人群的收入水平、消费偏好等；社会文化环境因素包括：一是指森林康养在地的可开发、可挖掘的民俗文化等；二是指森林康养潜在消费市场群体对森林康养的认知等消费观念；技术环境因素是指如森林浴、森林作业疗法等对森林康养的实施具有重要意义的新技术、新方法。

4.3.1.2 微观环境分析

微观环境是指那些与森林康养有双向运作关系的个体、集团和组织，主要包括消费者、竞争者、供应商、社会公众及基地自身等。对森林康养微观环境进行分析目的在于更好地协调相关群体的关系，以促进产品与服务营销目标的实现（杨世祥，2014）。对于森林康养来说，微观环境包括两方面：一是对自身情况分析；二是相关群体关系分析，如市场竞争者、潜在消费者的分析。

4.3.1.3 森林康养产品与服务市场竞争力分析（SWOT 分析）

SWOT 分析法广泛应用于竞争分析与战略研究中，用来分析与企业有关的内部优势、劣势、机会和威胁，在综合考虑企业内外部环境的各种因素的基础上，对企业经营状况进行系统地分析，从而选择最佳的经营战略。在此通过该原理来分析森林康养产品与服务的市场竞争力情况，了解森林康养产品与服务行业情况及自身的竞争力，对森林康养产品与服务营销策略的制定进行客观分析，也为营销策略的优化提供客观依据。SWOT 分析法中 S 代表的是优势（Strengths），指产品与服务自身可利用以实现目标的积极的内部特征；W 代表的是劣势（Weaknesses），指产品与服务自身存在的阻碍或约束目标实现的内部特征；分析产品与服务优势和劣势考虑的是森林康养的内部特征，包括组织结构、管理能力、基地文化、人力资源等，着重于自身的实力与竞争者的比较。O 代表的是机会（Opportunities），指森林康养所处的环境中有哪些机会是可以利用来更好地实现目标的；T 代表的是威胁（Threats），指森林康养所处的环境中有哪些威胁将会影响产品与服务实现目标的。分析机会与威胁考虑的是森林康养产品与服务的外部特征，包括消费者行为、竞争者行为、供应商行为等，着重于外部环境变化对基地产品与服务的影响（杨世祥，2014）。

（1）森林康养产品与服务优势分析

丰富的自然资源为森林康养提供了广阔的发展空间。发展森林康养产业，需要优质的自然资源作为基础。根据《人民日报》相关报道，党的十八大以来，各地区各部门认真贯彻落实习近平生态文明思想，牢固树立绿水青山就是金山银山理念，持续开展大规模国土绿化行动。10 年来全国森林面积和蓄积量持续“双增长”，森林面积由 31.2 亿亩增加到 34.6 亿亩，森林蓄积量从 151.37 亿立方米增加到 194.93 亿立方米。草原退化趋势得到初步遏制，综合植被盖度达到 50.32%，优质的森林环境和丰富的食药资源为开发森林康养产品和服务提供了有力支撑。

人与自然和谐共生的绿色低碳生活方式逐渐普及。随着《关于加快推进生态文明建设的意见》《2030 年前碳达峰行动方案》等系列政策的发布，森林体验、森林养生、森林康养、自然教育、户外运动、森林步道等新业态、新产品逐渐被消费者所青睐，可见消费者对生态产品需求旺盛。在此背景下，森林康养不仅促进人类健康，也促进森林健康，彻底打破了以前森林资源保护与利用此消彼长的旧定律，产业兴盛不再以资源消耗破坏为代价（曹云，2022）。

（2）森林康养产品与服务劣势分析

首先，森林康养是一个集康复学、生态学、医学以及养生学为一体的多元化产业，需要集管理与技术于一身的复合型人才，森林康养专业技术人才储备不足、培养体系不健全，短期内专业人才短缺的现状难以缓解；其次，森林康养基础设施较落后，森林康养设施一般多位于生态环境较好的山区，交通通达性有待提升，水电气和信息网络存在盲区；三是产业融合不足，森林康养产业是林业、旅游、体育、餐饮、交通、健康、中医药、养老、文化、教育、科研等产业相互交融延伸的新业态，森林康养需求主题创新能力不足，未形成具有品牌引领、错位发展、差异竞争的市场引爆点，基础设施及产品同质化，服务低档次；四是森林康养理论支撑不足，森林康养在我国的发展历程不长，理论研究及实践模式有待进一步探索；五是消费观念有待转变，森林环境对人体的健康作用及养生保健知识宣教普及不够，制约森林康养产业的可持续发展。

（3）森林康养产品与服务机会分析

首先，政策支撑。党的十八届五中全会把建设健康中国上升为国家战略，为进一步发挥森林、湿地和草原等自然资源的生态服务功能，国家和地方高度重视森林康养产业发展出台了一系列扶持政策，为森林康养产业带来了前所未有的发展机遇。如国家林业和草原局印发《全国林下经济发展指南（2021—2030 年）》，提出加快发展森林康养产业等 5 个重点领域；推动森林康养入驻中国建设银行的金融商务平台，开设森林康养专区。

其次，人们健康意识不断增强。随着社会经济的发展和人们预期寿命的增长，健康长寿已成为社会关注的焦点，“治未病”上升为国家战略，潜在消费市场巨大，助推森林康养产业将得到蓬勃发展。

最后，林业产业转型升级。传统林业产业是以木材生产加工为主，森林的生态效益、社会效益等综合效益未得到充分发挥。在生态文明的大背景下，必须积极转变林业经济增长方式，加快林下经济、生态文旅等绿色产业融合开发。大力发展森林旅游、森林康养和自然教育是新形势下林业产业转型发展的高地。

（4）森林康养产品与服务威胁分析

首先，区域竞争威胁。随着社会整体健康养生保健意识觉醒，人们对健康的关注度和需求度上升，大健康产业已经成为全球热点和新的经济增长点，各地区都在争相抢滩布局这片新蓝海。

其次，大健康相关行业竞争威胁。与旅游康养、中医药康养、体育康养等其他大健康产业相比，森林康养在理论支撑、智力支撑、资金投入等方面并不占有优势，行业发展不平衡使森林康养产业的发展空间形成堵点和挤压。

4.3.1.4 森林康养产品与服务消费者需求和目标市场细分

（1）消费者分析

吴后健、但新球等从森林康养产品出发，将森林康养消费者需求按照年龄群体、健康程度和主导需求进行划分。

①按消费对象年龄阶段分类：

从消费对象年龄看，不同年龄阶段的人群对森林康养的需求和偏好是不一样的：少儿型森林康养产品更多地偏重森林和环境的认知，培养其良好的三观；青年型森林康养产品更多地偏重森林运动、森林体验等；中年型森林康养产品更多地偏重森林休闲、森林体验和森林辅助康养等；老年型森林康养产品更多地偏重森林养生、健康管理服务和森林辅助康养等。

②按消费对象健康程度分类：

从消费对象健康程度看，森林康养产品可以分为健康类、亚健康类和不健康类3个类型。健康类森林康养产品更多地偏重在“康”上面，即通过开展诸如森林观光、森林运动、森林体验等活动，维持身心的健康；亚健康类森林康养产品介于“康”和“养”之间，即在“康”的基础上，通过适度的“养”来修复身心健康，达到健康的状态；不健康类森林康养产品则主要偏重在“养”上面，即主要通过森林疗养、森林康复等活动，来修复和恢复身心健康。

③按消费对象主导需求分类：

从消费对象主导需求看，森林康养产品可以分为养身型、养心型、养性型、养智型、养德型和复合型6种。养身型森林康养产品偏重以维持和修复身体健康为主，如森林运动、森林体验等；养心型森林康养产品偏重以维持和修复心理健康为主，如森林冥想、森林静坐和森林文化体验等；养性型森林康养产品偏重以维持和修复良好的心情为主，如森林太极运动、森林音乐体验等；养智型森林康养产品偏重以获取知识、提高智力为主，如森林科普宣教、森林探险、森林科考等；养德型森林康养产品偏重以提高品德修养为主，如森林文化体验、生态文明教育等；复合型森林康养产品是指包括两种以上主导需求的森林康养产品（吴后建等，2018）。

（2）目标市场细分

1956年，美国的营销学家Smith提出市场细分的概念。他认为，市场细分就是根据消费者购买行为的差异，把整个市场分为若干个具有类似需求的消费群体。市场细分是指根据客户属性划分的客户群，将一个很大的消费群体划分成一个个细分群。同属一个细分群的消费者彼此相似，而隶属于不同细分群的消费者则被视为是不同的。

常见的集中市场细分原则有按照人口统计细分、按地理位置细分、按消费产品细分，首先人口统计细分是最早应用于市场细分的细分变量，也是平常人们最常见的细分变量。人口统计变量通常是消费群体的外在特征变量，如性别、年龄、学历、职业、地域、收入、家庭人口、社会地位等。这些特征差异和消费者需求的变化是紧密相关的。不同地区的消费者可能对某种产品有着特定的需求；老年人和青年人的消费观念则相差很大；处于不同行业和社会地位的消费者也有着各自对事物认识的不同角度。基于人口统计的市场细分可以有效地区分市场需求，为决策者提供相关的信息和依据（薛薇，2009）。按照时空距离来细分，分为近时距市场、中时距市场和远时距市场：近时距市场一般指以森林康养为中心，以省会市区为依托，辐射周边地区的主要客源地；中时距市场一般指周边邻近省市，为森林康养的次要客源地；远时距市场主要指国内其他省、市，甚至国外市场。以产品为导向的市场细分，是根据不同的营销决策目标（产品、定位、定价等），围绕森林康养提供的产品与服务对消费者细分。细分的变量包括产品目标人群、消费态度、寻求的目标等，目的是要了解消费者对康养产品与服务的心理需求和消费行为差异，以选择最有利的目标顾客群及恰当的营销策略（罗纪宁，2005）。

4.3.2 森林康养产品与服务营销策略——4P 营销战略

森林康养的科学内涵是以良好的森林资源和环境为基础、以人的康养需求为导向、以科学的健康知识为支撑、以完善的森林康养产品为依托、以完备的配套设施为保障（吴后建，2018），而森林康养产品与服务是实施森林康养的核心，是森林康养资源变现和可持续利用的根本。在营销策略中，产品（Product）、价格（Price）、促销（Promotion）、渠道（Place），这 4 个词的英文字头都是 P，所以简称为“4P”。以 4P 营销方法制定的森林康养基地产品和服务营销策略，具体内容如下：

4.3.2.1 产品优化营销策略

（1）提升森林康养产品规划设计

提升森林康养产品规划设计是营销策略中很重要的一点，必须从市场和消费者角度出发，结合在地化资源，抓好品牌塑造与宣传，为森林康养产业拓展市场。如国家林业和草原局调查规划设计院刘朝望等人所言，森林康养产品需要做好顶层设计，把握开发的层次布局。产品的设置既要考虑基地自身的资源优势，又要抓住不同消费群体的特征，根据其需要进行设置。开发森林康养产品主要遵循的原则有：一是因地制宜，在保护的前提下合理开发森林康养产品；二是以市场需求为导向，产品多样化，尽量满足多种需求；三是重视核心产品的开发，以核心产品带动其他产品的开发。康养产品开发还要考虑不同年龄段群体的需求，应针对不同年龄群体，打造具有吸引力的森林康养活动项目。例如，针对中青年群体，可以设置登山、自行车越野、攀岩等户外运动康养产品；针对中老年群体，可以设置太极拳、气功、中医药养生、养生步道、森林浴、日光浴等康养产品（刘朝望等，2017）。日本 FuFu 山梨基地在森林康养产品规划设计中就针对各类游客设置了套餐课程、实践课程和自选课程 3 种课程。套餐课程适用于所有到访游客，根据住宿时间长短，基地会提供相应的健康管理课程，包括坐禅、唤醒瑜伽、围炉夜读、健身球放松活动等。实践课程主要包括森林散步、森林作业、田园料理、观星等，并对长住的游客（超过三天两晚）免费开放，向其他客人收取一定的课程服务费。自选课程主要有芳香疗法、森林疗法、自律神经平衡测定、艺术疗法、芳香抚触、一对一心理咨询等。自选课程面向所有客人有偿提供，客人可根据自身兴趣选择，或者由森林康养师推荐后申请。

（2）结合资源优势，研发森林康养产品

森林康养除了提供基本的旅游观光服务以外，还应该结合资源优势，深入开发产品康养价值，如对基地植物的康养价值、药用价值等进行深入挖掘，此外，还可以挖掘基地的康养资源、文化资源，延长基地的产业链条。如德国巴特·威利斯赫恩小镇具有丰富的康养资源，其中包括29个天然温泉，水温温度范围为46~67摄氏度，排水量约800000升/天，可提取约2400千克的钠、氯化物、氟化物、锂、硅酸和硼等微量矿物质，对心脏、血液循环、新陈代谢和呼吸疾病等有疗效。这些“可以喝，可以呼吸，可以洗浴”的巴特·威利斯赫恩温泉水可通过管道输送至小镇的疗养浴室供游客使用。巴特·威利斯赫恩小镇利用温泉这项康养资源，打造出了具有自身特色的康养产品，并建设了一系列的温泉疗养设施（表4-1）。

表4-1　德国巴特.威利斯赫恩小镇主要温泉产品（表格来源：森林康养国际经验与中国案例）

温泉	介绍
Caracalla Spa 现代温泉体验中心	室内：冷热水石窟、芳香蒸汽浴、盐疗法吸入室等； 室外：2个大理石水池、漩涡池、大面积日光浴区等
Friedrichsbad Spa 古典罗马·爱尔兰圆顶浴室	有17个不同温度和种类的池子，提供经典的蒸汽浴、运动浴和热泡浴及多种按摩服务，最后可在阅读和休息室里喝茶放松
Sea salt grotto 海盐洞穴	洞穴中空气的盐度是北海的40倍，死海盐和喜马拉雅盐的混合，散发在空气粒子中，形成细小纳米粒子，深入到肺部最深处，畅通呼吸系统
Fano 矿泥	厚泥浆覆盖全身的同时，理疗师按摩脚部，帮助身体排毒并加快血液流通
Aromatherapy 芳香理疗/香薰理疗	当地精炼本土纯植物精油，运用于“香熏”“按摩”“沐浴”

（3）优化森林康养基础设施

森林康养要想吸引消费者，除了产品的优化还需要完善基础配套设施。如山西省七里峪森林康养试点基地在交通设施建设上，将进入基地的霍沁公路进行适当修缮，部分扩宽，两侧进行绿化美化；在服务设施建设上，以旅游区为主建设住宿、餐饮、购物服务设施，升级周边乡村的住宿接待设施；规划建设度假酒店、小木屋、野外营地、农家土炕、房车营地等（刘炜，2020）。

4.3.2.2　价格优化营销策略

（1）设定联动套餐

在保证森林康养基地盈利的前提下，与周边景区联合营销，推出景区环线套票或年卡票，吸引消费者。例如，黔东南州曾推出“黔东南××元旅游年卡，无限畅玩一整年”活动，带动了全域旅游业的发展；冬季制定以“畅游黔东南·欢乐享不完”为主题的七大冬季旅游线路和产品，让全州旅游业呈现“淡季不淡”的良好发展态势；并以温泉为吸引点，全方位拉动黔东南州各个康养基地和旅游景区的发展，围绕“一心四线多点”（一心：凯里市，四线：凯里-雷山、凯里-丹寨、凯里-镇远、凯里-麻江，多点：重点基地和项目），重点打造多个特色康养基地，加快推进产业融合和资源整合，带动全州医、养、康、旅重点产品融合发展。

（2）会员制度和积分制定价

通过建立会员制度和积分系统，鼓励消费者多次购买套餐票，提高客户黏性；依托大平台，通过积分兑换的方式，扩大基地的影响力。通过积分制度，让游客免费游览景区、免费玩项目，加大森林康养基地的影响力。

（3）淡旺季分阶段定价法

康养基地的淡旺季明显，一般应制定两份定价方案，在旺季供求紧张时候适当提高售价；在淡季的时候实施淡季折扣定价，让淡季不淡。在实施差别定价法的时候关注周边康养基地产品与服务的价格变动情况和趋势，从而能够在必要的时候迅速做出价格调整。突然大幅度提高价格会让顾客感到不适应，而小幅度多频次的上调价格更容易让顾客接受。

4.3.2.3 渠道优化营销策略

（1）锁定目标市场与客源群体

要明确森林康养目标市场和受众群体，如亲子家庭、老年人、白领消费者等，通过了解客源群体需求和喜好，制定有针对性的营销策略。如以自然教育、研学等为目的的群体大都以学生为主，因此可以选择和相关的学校达成合作关系；以康复疗养为目的的群体大都以老年人为主，因此可以选择和老年大学、医院等机构建立合作，通过与不同机构的合作，可以最大效用地盘活基地的资源，并且扩大基地产品与服务的知名度。

对现有销售渠道进行全面分析，了解各渠道优缺点，制定营销策略，精准推广，如线上电商平台、线下实体销售平台等，根据数据分析结果，优化渠道结构，提升渠道推广效率。

（2）线上线下融合营销

利用网络途径多、传播快、受众广的优势，通过图片、视频、文本、声音等方式让消费者全方位了解基地产品与服务。如通过积极维护运营微信公众号，开通官方预订和购票功能，定期通过微信推送特别活动及优惠信息；开通微博及抖音官方账号，通过话题参与提高基地产品与服务关注度，发布基地产品与服务宣传视频，推送购票连接；使用携程、去哪儿等旅游服务平台进行推广宣传以达成票务合作关系，实现网络渠道大范围覆盖。例如，云南省在大力推广森林康养产业时，就充分借力互联网搭建网络营销的渠道。一是应用新媒体平台推广：在云南省林业和草原局官方网站上开辟“云南康养专栏”，发布省级森林康养基地、国家森林康养基地、森林公园、森林人家、森林康养机构、森林康养步道分布图等并加以 VR 实景详细介绍，并及时有效地发布行业动态资讯等。二是在“云南康养专栏”页面设立网络在线交流：在页面上设置在线咨询，可以与潜在客户快速连接并及时互动、答疑解惑。三是通过主流搜索引擎营销宣传：利用付费搜索引擎广告、关键词广告、搜索引擎优化提高自然排名，通过“云南康养”关键词植入广告，与搜索引擎链接专业网站、微信公众号、微博等提高浏览数量，从而提高云南省森林康养项目的知名度及关注度（赵勤，2021）。

4.3.2.4 促销优化营销策略

（1）利用节假日、热点事件等进行营销

依托在地具有民俗特点的节日，如火把节等，吸引消费者在感受不同文化氛围的同时，增加在基地的康养时间和频次。此外，还可以借助热点的时事进行营销，如2023年迅速出圈的“贵州村超”“村BA”，自带热点话题，黔东南相关的森林康养基地人员可以借助流量，在短视频等平台通过标注“村超”“村BA”的词条吸引关注度的同时进行借势营销，推出在活动中出现的杨梅汤、糍粑等食品套餐和少数民族理疗服务项目，通过挖掘其中的康养价值，吸引更多消费者，将流量转为“留量”。

（2）举行主题活动进行营销

森林康养基地在对产品与服务进行营销时，可以利用当地的康养资源、文化特色，搭建活动交流平台，举行各类康养美食体验、名人康养讲座、庆典、主题销售、文化表演、美食节等活动，制造影响力，扩大基地产品与服务的知名度。云南省就曾通过在森林康养基地举办“森林康养月”及“生态康养日”宣传活动开展营销。活动包括健康养生论坛、森林步道健身走比赛、太极瑜伽表演、森林温泉浴、医疗康复体验活动、林中养生餐等。而后还根据消费者的良好反馈固定主题活动的时间段，旨在构建一种地域性、延续性、长期性的营销模式。

（3）注重公共关系促销

康养基地公共关系促销主要包括政府关系、媒体关系和行业关系等。基地可以通过加强与政府关系的沟通，与政府合作组织特色节事活动或公益活动（如火把节），利用官方媒体的权威性和广泛传播性，吸引公众注意力，有效宣传森林康养基地产品与服务。此外，还要全力争取与政府和企事业单位达成合作，开展商务会议接待等，树立良好的公众形象。与邻近康养相关行业、组织协会建立良好的互动关系，实现资源优势互补合作营销。

4.4 森林康养品牌建设

品牌建设是指品牌拥有者对品牌进行的规划、设计、宣传、管理的行为和努力。品牌建设是一个漫长的过程，需要专业的品牌运作和持续不断的资源投入。品牌分为产品品牌和企业品牌。品牌本身也是产品的一部分，是对消费者的消费信心和心理需求的满足，主要包括品牌定位、品牌规划、品牌形象、品牌主张和品牌价值观等等。有了品牌就有了知名度，有了知名度就具有凝聚力与扩散力，产品才有市场占有率和经济效益，才能带动产业的可持续发展。

4.4.1 品牌定位

品牌定位主要分为以下几个步骤，第一步：锚定目标顾客，通过市场细分选出品牌所要满足的潜在的顾客。第二步：确定顾客需求，通过识别或创造顾客需求，以明确品牌是要满足顾客的哪一种需求，是实现养身、养心、养性、养智、养德还是综合性需求，通过需求的不同来制定不同的康养产品。第三步，界定品牌利益，即品牌所能提供给顾客的、竞争对手无法比拟的产品益处。例如，茶花泉森林康养试点基地的核心资源是油茶资源，侗族文化与侗医药是其最独特的亮点。结合基地现有资源与基础设施，将品牌利益定位为以侗医药为特色、油茶养生为主体的“医养”森林康养试点基地，同时辅以科教研学、休闲旅游和养老等，打造油茶特色康养基地，这样的益处才能有效地吸引顾客。第四步，抓准品牌的独特性并提供有说服力的证据，例如，茶寿山森林康养基地依托黔北良好的生态环境、茶文化等，明确自身定位，坚持“文康旅、农林茶”多产业融合的经营方针，深入推进生态农业、健康旅游、森林康养、生态体验、科考研学与游学教育等一二三产业融合发展，形成了自己的品牌名片。

4.4.2 品牌规划

要发挥好森林康养基地品牌的作用，实现森林康养基地可持续发展，就要做好品牌规划工作。一是严格按照上级部门相关文件通知，做好森林康养基地生态及已有的文化资源保护工作，避免资源浪费和过度开发等问题。二是维护好基地品牌形象，包括服务人员的专业度、美誉度，也包括基地外在形象标识的建设等，品牌是森林康养基地的无形资产，建立品牌来之不易，因此，需要基地人员从上至下维护好品牌，从而提升品牌的内涵价值。三是不断地发展和创新品牌。康养基地的品牌创立以后并非一成不变，随着生态资源、文化资源的不断挖掘和消费市场需求的不断变化，森林康养品牌也不能因循守旧，需要不断融入新的康养元素，不断丰富品牌的规划工作。

4.4.3 品牌形象

品牌形象的塑造需从差异化和系统性两个方面总结挖掘基地各项资源，实现科学开发与规划。差异性即在既定的基地发展规划的战略引导下，确定不同的目标市场或在相同目标市场中树立不同的品牌形象，形成有效的差异化竞争优势。在此原则下，森林康养基地可以根据自身的森林康养资源禀赋，挖掘各类生态资源，结合在地的中医文化、民俗文化、红色文化，建设主题凸显、特色鲜明的森林康养基地，从而在消费者心中树立品牌联想，在目标市场中形成强烈的差异点。系统性即指森林康养基地各类文化在品牌形象塑造和运用中的系统性。在康养基地品牌形象构建中运用的中医文化、民俗文化、红色文化等需要互相关联、相互作用，对外展现的设计符号和谐地统一于品牌中，帮助传递系统的品牌形象。

4.4.4 品牌推广

原贵州省民政厅厅长彭旻在《“康养到贵州”品牌建设的路径探索》中提及，到 2025 年，（贵州）要初步建立起辨识度高、吸引力强、影响范围广的贵州康养品牌体系，打造省级区域康养品牌、市州康养子品牌和各产业康养分品牌，形成一批具有全国影响力的知名康养产品品牌（彭旻，2023）。森林康养作为一种新兴产业，需要调动各方合力，自上而下地多方赋能才可以营造森林康养品牌氛围。从省级、市级层面上来看如彭旻所言，为“康养到贵州”品牌建设搭建宣传推介平台，加快构建完善的宣传推广网络，充分利用互联网、自媒体、对外形象推介等方式，加强在长三角、成渝地区和粤港澳大湾区等地进行系列品牌的宣传推介，特别是要利用好广东对口帮扶贵州的有利条件，积极开拓贵州康养客源市场、产品销售市场、产业投资来源。申请举办康养产业博览会，打造成为传播康养理念、分享发展经验、汇集发展案例、推动政策落实的全国性平台，形成康养产业发展的理论制高点。支持贵阳市打造全国康养会展城，积极创办和承接层次丰富的专业会展和学术交流活动，举办国际康养产业发展分论坛，研究并动态发布“贵州康养指数”，提升贵州康养知名度和影响力。从森林康养、森林人家角度来说，一是积极参与示范性森林康养、森林人家等的建设和评定活动，利用权威背书的方式提升基地的知名度；二是利用新技术、适应新样态，将各种传播渠道和手段进行整合，形成品牌推广矩阵，如强化新媒体的推广，利用微信、微博、抖音等移动社交媒体端口，精心设计 H5、短视频等推广产品，抓住、抓稳、抓牢受众心理，在品牌推广产品的辨识度、新奇度、吸引度上下足功夫。此外，还可以在与森林康养相关的展会上充分利用品牌推广设计，如通过虚拟现实场景、VR 眼镜等，让潜在消费者可以身临其境地体验基地的服务和产品，可以借助仿真机器人让潜在消费者具有身临其境的体验，吸引消费兴趣，加深品牌印象。

5 森林康养管理

森林康养管理是对森林康养资源进行全方位、系统化的管理，包括森林康养资源管理、环境管理、服务管理、安全管理、项目管理、人力资源管理等环节。这种管理模式的目标是实现森林康养资源的可持续利用和有效保护，对于保障森林康养服务的质量和安全具有重要意义。

5.1 森林康养资源管理

森林康养资源管理是指对森林康养资源进行科学地规划、开发、利用和保护，以实现资源的可持续利用，核心目标是实现森林资源的经济、社会和生态效益的最大化。

5.1.1 森林资源分类与评价

5.1.1.1 森林资源分类

（1）根据森林资源功能分类

森林资源可以分为生态功能区、景观功能区、经济功能区和社会功能区（刘秀美等，2020）。其中，生态功能区是指以保护森林生态系统为主要目的的区域；景观功能区是指以提供森林景观为主要目的的区域；经济功能区是指以利用森林资源进行经济活动为主要目的的区域；社会功能区是指以满足社会需求（如教育、科研、文化等）为主要目的的区域。

（2）根据森林资源用途分类

《中华人民共和国森林法》规定将森林按照用途划分为：防护林、特种用途林、用材林、经济林和能源林。

（3）根据森林资源类型分类

森林资源可以分为天然林、人工林、次生林等。其中，天然林是指自然生长、未经人为干预的森林；人工林是指经过人工种植、培育的森林；次生林是指在原有森林基础上，经过自然或人为干扰后形成的森林（程维嘉等，2019）。

（4）根据地理位置分类

根据地理位置的不同，可以将森林资源分为平原森林、山区森林、丘陵森林等

（杨淑艳等，2018）。

5.1.1.2 森林资源评价

森林资源评价是对森林资源的数量、质量、分布和利用状况进行全面、系统、科学地分析和评价，以了解森林资源的基本情况，为森林资源的保护、管理和合理利用提供科学依据。其中，价值评价主要通过对森林的经济价值、生态价值、社会价值等进行评估，了解森林资源的价值。

①生态价值：评估森林资源在维护生态平衡、保护生物多样性、净化空气、减缓气候变化等方面的作用（张晓峰等，2017）。

②景观价值：评估森林资源在美学、旅游、休闲等方面的价值。

③经济价值：评估森林资源在木材生产、林产品加工、森林旅游等方面的价值。

④社会价值：评估森林资源在教育、科研、文化等方面的价值。

5.1.2 森林资源保护与利用

森林资源保护措施包括强化森林防火、病虫害控制等，以防止资源的破坏和损耗，并严格禁止非法捕捞、盗猎野生动植物、非法砍伐树木和采摘植物等行为。通过科学规划和管理森林资源，可以促进森林康养产业的发展。在管理森林康养资源时，保护与利用是互补的，只有实现二者的平衡，才能保证森林康养的可持续发展。此外，加强科研和技术创新也是至关重要的，应用前沿的监测技术和管理方法对森林资源进行监控和管理，能够及时发现并解决问题，保障森林康养项目的顺利实施。同时，还应对森林资源的经济和生态价值进行评估，明确其重要性和独特性，为相关政策和决策提供科学依据。

5.1.2.1 森林资源保护

①建立制度体系。建立健全森林资源保护、林地与林木采伐管理等政策和制度体系，加快编制新一轮林地保护利用规划，加强林地定额管理，严格执行天然林保护管理政策，完善国家级公益林划定管理办法，加强重点国有林区、国有林场等重点区域的林业生态保护和修复工作。

②防止森林火灾。采取科学的防火措施，降低火灾风险，确保森林资源的安全。

③病虫害防治。定期对森林进行病虫害监测，发现病虫害及时进行防治，防止病虫害的蔓延和危害。

④森林保护区的设立。为了保护珍贵的森林资源，可以设立自然保护区，对森林资源进行有效的保护。

5.1.2.2 森林资源利用

①森林康养资源规划。在清晰了解森林康养资源的基础上，制定科学合理的森

林康养资源保护和利用规划，包括林地保护利用规划、天然林保护管理政策等，以确保森林康养资源的可持续利用。

②发展绿色生态产业。利用森林资源则包括森林旅游、森林康养、森林教育等多种方式，让公众能够亲近自然，享受森林带来的身心疗愈。

5.1.3 森林康养资源可持续发展策略

可持续发展策略是实现森林康养管理目标的重要手段。建立健全的管理体制和机制，明确各级政府和相关部门的职责和权力。加强科学研究和技术创新，提高森林康养资源的管理水平和技术水平。加强对外合作，共同推动森林康养资源的可持续发展（孟超，2023）。

5.1.3.1 生态优先

①尊重自然法则。在森林资源管理中，应顺应自然规律，保护森林生态系统的完整性和多样性。包括维护森林的自然演替过程、保护野生动植物的栖息地，以及维护水体和土壤的健康。

②强化生态系统保护修复。通过科学的方法对受损的森林生态系统进行恢复和重建，提高其自我恢复能力和抵御外来干扰的能力。

③优化国土空间开发保护格局。在国家层面规划森林资源的保护和开发，确保森林覆盖率的稳定和提升，同时避免过度开发导致的生态破坏。

④推动重点区域绿色发展。对于生态功能重要的区域，如水源涵养区、生物多样性丰富的区域等，应实施特殊保护措施，限制或禁止不利于生态保护的开发活动。

⑤建设生态宜居美丽家园。鼓励和支持社区参与森林资源的保护和管理，增强公众的环保意识，共同构建和谐的人与自然共生环境。

5.1.3.2 合理利用

①坚持绿色发展。将保护森林生态系统的质量和稳定性作为发展林下经济产业的重要前提，严格保护生态环境，避免违规占用耕地，推动生态保护与绿色富民相结合，实现产业生态化和生态产业化。

②提升森林质量。实施森林质量精准提升工程，采取科学、精准、高效的营造林技术措施，推动森林资源由面积扩张向质量提升转变，发挥多种功能，实现内涵式发展。

③推行森林可持续经营。在保护好生态的前提下，探索绿水青山转化为金山银山的路径，提高林地生产力，科学合理利用林木，增强木材供给能力，发展碳汇经济，兼顾发展林下经济产业融合。

5.1.3.3 科学管理

①加强顶层设计。制定全国及区域性森林资源保护发展规划，明确优先保护区

域和重点建设内容，确保规划的科学性和实用性。

②推进自然保护地体系建设。对不同类型的自然保护地进行功能区划，制定差异化的管理措施，实现对森林资源的分区分类管理。

③创新林业经营管理模式。探索商品林赎买、租赁、置换等多元化经营模式，引入社会资本参与森林资源经营管理，发展森林旅游、森林康养的特色林业产业，提高林业经营效益。

④推动智慧林业建设。运用现代信息技术手段，如大数据、云计算、物联网等，提高森林资源管理的智能化水平。

5.1.3.4 社会参与

①加强宣传和教育。通过各种媒体和活动，普及森林资源保护的知识，提高公众对森林资源重要性的认识，引导公众积极参与森林资源的保护和管理。

②鼓励公众参与。鼓励企业、社团组织和个人积极参与森林康养资源的保护、利用、管理，形成良好的社会风尚，共同保护森林资源。

③建立多方合作机制。建立政府与企业、社团组织、科研机构等多方合作机制，共同开展森林康养资源调查、监测、评估等工作，实现信息共享和资源整合。

④激发社会组织活力。建立健全公众参与森林康养管理的制度和渠道，如公众听证会、公示公告等，保障公众的知情权、参与权和监督权。支持和引导社会组织参与森林康养资源的保护和管理，发挥其在宣传教育、技术支持、社会监督等方面的优势。

5.2 森林康养环境管理

森林康养环境是指以森林资源为基础，可开展以修身养性、调适机能、延缓衰老为目的的森林游憩、度假、疗养的活动区域（刘秀美等，2017）。森林康养环境管理涉及保护和改善森林环境，以提供健康、舒适的休闲和康复空间的综合性管理工作。这项工作不仅需要对森林资源进行科学地管理和保护，还需要对森林环境进行合理地规划和设计，以满足人们对森林康养的需求。在执行森林康养环境管理时，必须对森林的生长状况、生态环境、生物多样性等进行持续地监测与评价，并采取必要的措施预防森林病虫害的出现，维护森林生态系统的健康与稳定，并保障森林资源的可持续性利用。

5.2.1 森林康养环境质量监测

森林环境质量监测是森林康养环境管理的基础。通过对森林环境的监测，可以及时了解森林生态系统的状况，发现问题并采取相应的措施。对森林康养环境中空气、水质、土壤等生态因子的定期检测，为保护与利用森林康养资源提供科学依据。

5.2.2 森林康养环境保护措施

为了确保森林康养活动的可持续发展，需要采取一系列的环境保护措施，保护森林生态系统的完整性。森林是森林康养活动的核心场所，因此，必须保护森林的生态系统，包括植被、土壤和水资源等。通过加强森林环境评价与保护，建立有效的森林管理机制（陈邦锋，2023）。森林康养项目中的康养环境保持是一个重要的环节，康养环境保持以可持续发展为核心，致力于保护和改善环境，确保康养体验者能够享受优美的自然环境和健康的生活方式。项目将综合运用各种措施和方法，确保康养环境的优美和可持续发展。

5.2.2.1 环境保护设备

项目需投入必要的环境保护设备，包括污水处理设备、垃圾分类设备、能源节约设备等。这些设备将用于处理康养环境中产生的各类废弃物和废水，降低能源消耗和环境污染。

5.2.2.2 环境保护管理

项目需建立完善的环境保护管理制度，对康养环境进行全面的管理和监督。管理制度包括环保责任制度、环保巡查制度、环保考核制度等。

5.2.2.3 绿色建筑材料

项目需采用符合环保标准的绿色建筑材料，如环保涂料、环保地板等。这些材料具有环保、低污染、低能耗等优点，能够减少对环境的污染和资源的消耗。

5.2.2.4 进行节能减排

项目需推广绿色建筑和节能技术，降低森林康养基地的能源消耗和碳排放，实现低碳环保。

5.2.2.5 废弃物分类处理

项目需实行废弃物分类处理制度，对各类废弃物进行分类收集、分类处理。包括可回收废弃物、有害废弃物、厨余废弃物等。通过分类处理，降低废弃物对环境的污染和资源的消耗。

5.2.3 森林康养环境规划与设计

森林康养环境规划与设计是一项专业工作，其核心目标是在以森林为主要活动空间的基础上，通过科学规划和精心设计，营造一个旨在促进人类健康和康复的环境。该综合性环境的打造不仅需满足人们的生活、休闲和娱乐需求，同时也承担着保护和改善生态环境的责任。作为一个系统化工程，森林康养环境规划与设计需要广泛考虑包括生态条件、游客需求、功能布局等多重因素，以形成一个既能促进身心健康又与自然环境和谐共融的康养场所。在设计过程中，应最大化地利用现有的自然景观资源，并结合现代医疗科学与传统养生观念，创建一个融休闲、保健和教育功能于一体的复合型康养环境。

5.2.3.1 规划与设计的原则

（1）尊重自然

在规划设计过程中，应尽可能保留森林的自然特性，减少人为干预，保护生物多样性。

（2）人性化设计

考虑到使用者的需求和舒适度，提供便利的设施和服务，如步行道、观景台、休息区等。

（3）可持续性

在满足当前需求的同时，考虑未来的可持续发展，如使用环保材料，实施节能措施等。

（4）整体性

森林康养环境应作为一个整体来规划和设计，各个部分之间需要有良好的协调和整合。

（5）安全性

确保使用者的安全，如设置安全防护设施、制定应急预案等。

5.2.3.2 规划与设计的内容

（1）科学制定森林保护和发展规划

①空间布局。合理规划森林康养的空间布局，应该基于疗法因子，结合现代医学和传统中医学，为体验者提供养生休闲及医疗康体服务设施。这包括疗养区、休闲区、教育区等功能区的合理分布。

②森林康养步道设计。设计适合不同人群（如老人、儿童、残疾人等）的步行路径，同时考虑景观效果和安全性。

（2）优化康养林结构

①遵循原则。遵循森林生态系统健康理念，营造生物多样性突出、健康、稳定的森林生态系统。

②环境优化结构。在现代森林管理技术的指导下，根据森林康养活动的具体需求，有目的地进行植被的栽植和补种，重点引入具有医疗、保健及环境改善效果的树种。通过考虑当地实际条件，实施新建、补种和培养不同功能的森林区域，以形成特定的康养林带，在完善生态标识系统、绿道网络、康养步道、安全无障碍等公

共服务设施的同时，打造主题化森林浴场，开展森林瑜伽、森林冥想等森林康养活动，满足不同森林康养活动的需求。

（3）合理设计的森林康养设施

包括对森林的道路、住宿、餐饮、娱乐等设施进行设计，以便人们能够在享受大自然的同时，也能享受到舒适的生活。

①步道体系。步道是连接各个功能区的重要元素，其规划应考虑游客的行走体验和安全性。步道设计应与周围自然环境和谐融合，同时提供必要的指示牌和休息点。

②基础服务设施。包括供水、供电、照明、垃圾处理等基础设施的规划，这些设施对于保障康养基地正常运行至关重要。同时，还应考虑到环保和可持续性，尽量减少对环境的影响。

③住宿餐饮设施。提供舒适的住宿和健康的饮食是森林康养项目不可或缺的部分，应该根据目标客户群体的需求来设计。

④无障碍设施。考虑到不同体验者的需求，在规划与设计中应进行无障碍设计，确保所有人都能方便地使用各项设施。

⑤智慧康养设施。包括智慧化基础设施、人性化服务设施和信息科技应用设施。如森林康复中心、森林疗养场所应具备利用智能设备进行健康管理等配套功能。

5.2.4 环境教育与宣传

森林康养教育与宣传是推动森林康养发展的重要环节，通过教育和宣传，可以提高公众对森林康养的认识和理解，增强人们的环保意识和提高人们的生态文明素养，从而促进森林康养资源的合理利用和保护（杨敏等，2017）。

5.2.4.1 开展森林康养知识普及

通过举办讲座、培训、展览等形式，向公众普及森林康养的基本知识，包括森林康养的定义、原理、方法、效果等，让更多的人了解和认识森林康养。

5.2.4.2 强化森林康养实践教育

组织各类森林康养实践活动，如森林徒步、野外拓展、生态体验等，让人们亲身感受森林康养的魅力，培养人们的环保意识和生态文明素养。

5.2.4.3 制定森林康养教育课程

将森林康养知识纳入学校教育、社区教育等课程体系，让学生和居民从小接触和了解森林康养，培养他们的环保意识和生态文明素养。

5.2.4.4 创新森林康养宣传方式

利用网络、社交媒体、户外广告等多种渠道，开展形式多样的森林康养宣传活动，提高公众对森林康养的关注度和参与度。

5.2.4.5 建立合作机制

加强与相关部门、企事业单位、社会组织等的合作，共同推动森林康养教育与宣传工作的开展，形成合力。

森林康养环境管理是实现森林康养资源可持续利用的关键。我国应加强对森林康养环境的管理、保护和教育，为森林康养事业的健康发展创造良好条件。

5.3 森林康养项目管理

森林康养项目管理是森林康养项目高效运营的重要组成部分，是森林康养产业高质量发展的关键环节，是森林康养企业实现发展战略目标的重要手段和路径。

5.3.1 森林康养项目策划

5.3.1.1 项目目标

①打造一个高品质、全方位的森林康养项目，旨在提供集身体健康、文化沉浸与旅游休闲为一体的服务，以迎合各类客群的多样化需求。

②通过吸引众多游客流量，增强品牌影响力并提升经济收益，从而达成项目的总体战略愿景。

③为目标受众提供生态保护、健康养生、文化体验、旅游休闲、餐饮住宿等全方位的服务，打造特色森林康养品牌。

④通过合理的投资和精细的运营管理，实现项目的可持续发展，为地方经济和社会发展做出贡献。

⑤关注目标受众的身心健康和生活品质，提供身心健康的综合服务，帮助人们缓解压力、改善生活质量。

⑥促进地方就业和经济发展，提高地方知名度，推动森林康养产业的发展。

⑦注重环境保护和生态平衡，减少对环境的破坏和污染，实现经济、社会和环境的共赢。

以上是森林康养项目策划的具体项目目标，通过实现这些目标，可以打造高品质、全方位的森林康养项目，为人们提供优质的健康养生服务，实现经济、社会和环境的可持续发展。

5.3.1.2 项目内容

（1）生态保护

在项目策划中，要注重保护森林生态环境，避免对环境的破坏和污染，维护生态平衡和生物多样性，实现可持续发展。采取的措施包括制定环境保护制度、加强环保宣传、设置环保监督员等。

（2）健康养生

项目要提供全方位的身心健康服务，包括保健养生、康复疗养、健康养老等。具体服务包括健康咨询、心理辅导、森林徒步、瑜伽、太极等健身活动，以及中医理疗、SPA 等养生服务。针对不同人群的需求，设置不同的服务内容和方案。

（3）文化体验

融合文化资源，如中医文化、道家文化、禅宗文化等，为游客提供丰富的文化体验和传承服务。开展的文化活动包括文化讲座、民俗表演、传统手工艺制作等，让游客在感受森林魅力的同时，了解和传承中华传统文化。

（4）旅游休闲

提供旅游休闲服务，如森林徒步、露营、野餐、垂钓等，让游客在放松身心的同时，感受到森林的独特魅力。设置休闲设施，如露营地、休息亭、公共厨房等，提供便利的旅游休闲环境。

（5）餐饮住宿

提供高品质的餐饮住宿服务，打造特色美食和舒适的住宿环境。餐饮方面提供健康营养的菜品和地方特色美食，住宿方面提供多种类型的住宿选择，如民宿、度假屋、森林木屋等。

5.3.1.3 项目规模

（1）项目投资规模

根据项目的建设内容和服务需求，进行投资预算和资金筹措。投资规模要充分考虑项目的经济可行性和市场前景，合理分配资金，确保项目的各项建设能够顺利实施。资金来源包括政府投资、企业投资、社会捐赠等。

（2）建设规模

依据既定的项目目标与内涵，明确项目的构建规模，确保其能够充分满足康养、文化体验、餐饮住宿等多样化服务设施的需求。在规划过程中，不仅需考虑项目长期可持续发展的要求，还需兼顾环境保护的标准，主动采纳绿色技术及材料，以降低对自然环境的潜在破坏与污染。

（3）运营规模

根据项目的建设和运营需求，确定项目的运营规模。运营规模要满足项目的日常管理和服务需求，包括管理人员、服务人员、设施维护人员等方面的需求。同时，要考虑项目的市场前景和竞争环境，制定合理的运营策略和营销策略，吸引更多的游客和提升品牌知名度。

（4）服务规模

根据项目的服务内容和目标受众，确定项目的服务规模。服务规模要满足不同人群的身心健康需求，提供全方位的服务，如保健养生、康复疗养、文化体验等。同时要考虑到服务的质量和安全性，确保游客的人身安全和健康保障。

（5）人员规模

根据项目的建设和运营需求，确定项目的人员规模。人员规模要满足项目的日常管理和服务需求，包括管理人员、技术人员、服务人员等。同时要考虑人员的素质和能力要求，制定合理的人力资源计划和管理制度，提高人员的素质和工作效率。

5.3.1.4 项目投资

森林康养项目投资从投资分类上包括基础设施建设、服务与管理、产品开发、文化推广、资源利用、环境保护、社区发展和市场营销等内容。

（1）基础设施建设

基础设施建设一般包括森林康养步道、给排水、通讯、用电、停车场、餐饮、住宿等设施。康养项目需要为体验者提供便捷、舒适的服务设施。

（2）服务与管理

服务与管理一般包括制定各类规范的规章制度和考核培训机制，确保体验者能够享受到专业的指导和服务。

（3）产品开发

一般来说，森林康养产品开发涉及健康旅游、休闲养生、医疗服务等多个行业，如保健型、康复型、运动型、文化型和饮食型森林康养产品，这些产品通常结合了中医药传统知识和森林自然疗愈力量，帮助体验者放松身心，预防疾病和辅助治疗某些慢性疾病。

（4）文化推广

文化推广主要包括文化设施建设费用、文化活动推广和宣传等费用。要深入挖掘森林康养项目所在地的文化资源，提供给体验者丰富的文化体验和知识教育。

（5）资源利用

资源利用包括利用森林的生态资源保护、景观资源改造、食药资源采购和文化资源开发，与医学、旅游、养生和养老等领域有机结合，开展保健养生、康复疗养、健康养老等活动。

（6）社区发展

社区发展指鼓励当地社区参与森林康养项目的开发和管理的支持和宣传费用，提高当地居民的参与度和获得感，促进社区的和谐发展。

（7）市场营销

森林康养市场营销的投资方向是多方面的，如品牌建设、市场定位、广告宣传、线上线下营销等，需要综合运用多种策略和手段来提升品牌的知名度和吸引力。在当前健康意识日益增强的背景下，有效的市场营销对于森林康养项目至关重要。

5.3.1.5 项目效益

森林康养项目的具体投资效益可从森林生态资源、景观资源、食药资源、文化资源等几个方面的利用和挖掘获取。

（1）社会效益

①提供有氧运动、瑜伽、冥想等多种身心锻炼方式，改善身体机能、增强免疫力、促进人民健康。

②推动绿色发展，促进产业升级，为可持续发展提供新的动力。

③为当地居民提供旅游观光、文化交流等服务，促进不同文化之间的互相了解和交流，推动文化繁荣发展。

④带动相关产业发展，促进当地经济发展，拉动相关产业链的壮大。

⑤提高人们生活质量，减轻城市压力，让人们更好地享受生活。

⑥增加就业机会，为当地就业提供新的渠道，吸纳大量的就业人员。

（2）经济效益

①森林康养项目是一个新兴产业，具有较大的市场潜力，可以带来可观的经济收益。

②带动相关产业的发展，如健康养生、旅游、餐饮、住宿等产业，实现经济效益的增值。

③通过引入先进的医学和养生理念和技术，提供专业的身心健康服务和医学治疗服务，满足市场需求，带来经济效益。

④利用森林的食药资源，提供给游客健康营养的餐饮服务和有效的医药治疗服务，增加项目收益。

（3）用户效益

①提供一种放松身心、减轻压力的健康生活方式。

②通过多种身心锻炼方式，改善身体健康状况，增强免疫力，提高生活质量。

③提供专业的身心健康服务和医学治疗服务，满足不同用户的个性化需求。

④提供丰富的文化体验和知识教育，满足用户对文化探索的需求。

5.3.2 森林康养项目设计

5.3.2.1 需求分析

对潜在顾客群体进行调研，识别他们对健康养生、休闲旅游及文化体验的需求。考虑不同利益相关者的需求，包括地方社区、政府机构、环境保护组织和投资者。基于需求分析结果，制定项目目标和提供相应服务的策略。

5.3.2.2 选址评估

选址评估过程涉及对预定项目地点进行综合考察，以评定其整体可行性。该过程包括分析接入点的交通流畅性、当地自然资源的存量与多样性、环境品质以及项目地点与邻近社区间的互动关系，以及区域内的基础建设配套，包括水资源的可用性、能源供应的可靠性、交通基础设施的完善度及通信网络的覆盖情况。利用地理信息系统（GIS）进行空间数据分析，以空间数据为支撑，进行综合评估和优化选址决策。结合社会经济因素，评估项目对于当地就业和经济活动的潜在贡献。

5.3.2.3 环境影响评估

环境影响评估指在收集环境基线数据上，确立一个用于后续比对的环境状况基准点。此过程涉及辨识在整个项目建设和运作阶段中潜在的环境风险，这些风险可能对空气质量、水资源、土壤完整性、生物多样性以及当地社区的生活质量带来不利影响。

5.3.2.4 规划设计

结合地形地貌、水文条件、植被分布等因素，规划康养设施布局。

5.3.2.5 基础设施建设

设计必要的基础设施，如康养中心、步道、休息区、导引系统等。

5.3.2.6 服务项目开发

根据目标市场的需求，设计一系列康养服务项目，如健康咨询、森林浴、瑜伽、冥想、户外运动、健康餐饮、自然教育等。

5.3.2.7 景观设计

利用自然景观资源，创造宜人的康养环境和景观视觉效果。将当地文化和历史元素融入设计中，增加项目的吸引力和文化价值。

5.3.2.8 无障碍设计

确保所有人，包括老年人和残疾人都能方便地使用康养设施。

5.3.2.9 监测与评估

建立项目效果评估和环境监测体系，及时调整改进方案。

5.3.3 森林康养项目运营

5.3.3.1 运营人员配备

①健康顾问和医护人员：提供专业的医疗咨询和紧急医疗服务，对于有慢性病

的患者或需要特殊照顾的游客尤为重要。

②康复疗养师：根据森林康养的理念，指导游客进行身心放松和养生活动，如瑜伽、冥想等。

③讲解员：具备生态知识和当地文化背景知识的专业人员，能够为游客提供丰富的自然和文化体验。

④健康营养师：提供健康、营养的饮食服务，可能需要根据客户的健康状况和营养需求定制餐单。

⑤客房服务人员：负责日常的客户接待、服务安排和问题解答，确保游客满意度。

⑥保安和救援人员：保障游客的人身安全，应对可能发生的紧急情况。

⑦后勤工作人员：包括清洁、维护、保养等，确保康养基地的正常运行。

⑧市场营销和管理人员：负责森林康养基地的市场推广、品牌建设和日常管理工作。

⑨专业培训师：为内部员工提供定期的专业培训，提升服务质量和专业技能。

5.3.3.2 市场营销

分析目标客户群体和市场需求，制定针对性的市场推广策略，包括线上宣传、线下推广、合作推广等。建立官方网站、社交媒体账号等宣传平台，发布项目宣传信息，提高项目知名度。在旅游平台、酒店、旅行社等合作伙伴进行推广，提供优惠、促销等活动，吸引更多的游客前来体验。与合作伙伴进行合作营销，共同推广项目，扩大市场份额。

5.3.3.3 客户服务

建立完善的客户服务体系，包括客户服务热线、官方网站、社交媒体账号等渠道，提供及时、高效的客户服务。增强和提高员工的服务意识和专业水平，提供优质的服务体验。加强售后服务和客户关系维护，解决客户问题和服务需求，提高客户满意度。建立客户回访制度，了解客户反馈和需求，不断优化服务质量和体验。

5.3.3.4 财务管理

制定详细的财务预算和管理制度，确保项目的资金使用合规且安全。建立财务监控体系，对项目的收入、支出、成本等进行实时监控和管理。控制成本和管理费用，提高项目的经济效益和投资回报率。与合作伙伴建立清晰的财务合作关系，确保项目的财务安全和稳定发展。

5.3.4 森林康养项目实施

5.3.4.1 项目施工

(1) 施工方案

①项目定位和功能。根据项目需求和目标，确定项目的定位和功能，包括森林

生态资源、康养林景观资源、食药资源、文化资源与医学、养生学等方面的开发和利用。

②施工区域环境评估。对施工区域进行环境评估，包括地质、水文、气象、植被等方面的调查和分析，评估施工对环境的影响，并提出相应的环境保护措施。

③施工组织设计和安全防护。根据项目需求和环境评估结果，制定施工组织设计，包括施工流程、技术要求、人员配备、机械设备等方面，确保施工质量和安全。同时，制定安全防护措施，保障施工人员的安全和健康。

④施工质量、安全、文明施工管理。包括制定质量标准、安全规定、文明施工要求等，确保施工符合相关法规和标准，保证项目的质量和安全。

（2）招标采购

①招标条件和流程。明确招标条件，包括技术要求、工期要求、质量标准等，制定招标流程，包括公告发布、招标文件编制、评标等环节，确保招标过程的公开、公平、公正。

②投标人资格要求。制定投标人资格要求，包括资质、业绩、技术能力等方面的要求，确保投标人具备相应的能力和经验，保证项目质量和进度。

③招标文件和附件清单。编制招标文件，包括技术要求、合同条款、附件清单等，确保投标人了解项目需求和相关要求。

④评标办法和标准。制定评标办法和标准，包括技术评分、价格评分、服务评分等方面的评分细则，确保评标过程的公正和透明。

（3）施工准备

①施工前期物料准备。根据施工组织设计和实际需要，准备施工前期物料，包括植被、建材、机械设备等。

②施工现场临时占地和拆迁。根据施工需要，进行现场临时占地和拆迁工作，确保施工现场安全和顺畅。

③机械设备和人员配备。根据施工组织设计和实际需要，配备相应的机械设备和人员，确保施工顺利进行。

④安全、环保和文明施工措施。制定安全、环保和文明施工措施，包括安全警示标志、环保设施、施工现场卫生等，确保施工过程的安全、环保和文明。

（4）施工实施

①分阶段施工计划。根据项目需求和环境评估结果，制定分阶段施工计划，明确各阶段的施工任务、时间节点和质量要求。

②安全、文明和绿色施工要求。在施工过程中，严格遵守安全、文明和绿色施工要求，确保施工安全、环保且不影响周边环境和居民的正常生活。

③施工过程中的监控和检查。对施工过程进行监控和检查，包括施工质量、进度、安全等方面，及时发现和解决问题，确保施工符合设计要求和质量标准。

④施工完毕后的验收和评价。在施工完毕后，进行验收和评价，包括质量检查、安全评估、环保监测等，确保项目达到预期的效益和功能。

（5）施工验收

①制定验收标准和内容。包括质量标准、技术要求、安全规定等，确保项目达到预期的效益和功能。

②确定验收人员和流程。包括业主、设计单位、施工单位、监理单位等参与方的职责和验收流程，确保验收过程的公开、公平、公正。

③验收结果和处理意见。根据验收结果，提出相应的处理意见和建议，包括整改、修复、完善等方面的意见，确保项目质量和功能达到预期要求。

④整改和复验要求。针对验收结果和处理意见，制定相应的整改和复验要求，确保问题得到妥善解决并达到预期的效益和功能。

5.3.4.2 项目验收

（1）项目预验收

进行项目预验收，检查项目施工质量、设备安装质量、工程资料等，确保项目符合要求。

（2）项目正式验收

进行项目正式验收，检查项目施工质量、设备安装质量、工程资料等，确保项目符合要求。

（3）项目验收报告

编写项目验收报告，记录项目验收结果，提出整改要求和建议。

5.3.4.3 项目投入使用

（1）施工项目交付

在项目交付前，应妥善处理好各种遗留问题，包括未完成的施工任务、质量不合格的部位、安全隐患等。确保项目交付后能够顺利投入使用。

（2）项目运营准备

①项目调研和规划。在项目投入使用前，需要对项目进行全面的调研和规划，确定项目的运营模式和时间。同时，根据项目特点和市场需求，制定相应的运营策略和计划。

②物资、人员和机构准备。为确保项目运营的顺利进行，需要准备好所需的物资、人员和机构。包括办公场所、住宿设施、餐饮设施、医疗设备、安保人员等。

③基础设施建设。确保项目所需的水、电、气等基础设施的建设及维护。同时，需要建设相应的配套设施，如卫生间、淋浴间、停车场等。

④安全、环保和消防要求。在项目运营过程中，应满足安全、环保和消防要求。制定相应的安全措施和应急预案，确保人员安全和环境安全。同时，按照环保要求

处理废水、废气等污染物。

（3）项目投入使用

①项目测试和调试。在项目正式投入使用前，需要进行全面的测试和调试，确保项目的稳定性和可靠性。测试内容包括设备运行、安全设施、紧急救援等方面。

②预期效果达成。根据项目的特点和运营计划，确保项目能够达到预期的效果。对项目的运营情况进行定期评估，及时调整运营策略和计划。

③应急预案和安全措施。制定相应的应急预案和安全措施，应对项目运营过程中可能出现的突发事件和安全事故。应急预案应包括应急组织、救援流程、紧急疏散等方面。

④提升服务质量和水平。在项目投入使用后，应不断提高服务质量和水平，满足用户的需求。通过收集用户反馈和建议，不断改进服务，提升用户体验和满意度。同时，加强员工培训和管理，提高服务质量和效率。

5.4 森林康养服务管理

森林康养服务管理是在保护森林生态环境的前提下，对森林康养服务的过程和效果进行监控和管理，提供高质量的服务和产品，使消费者通过森林康养得到充分的放松和享受。其目标是在尊重自然、保护生态的基础上，为人们提供休闲、娱乐、健康、教育等多功能的服务。

5.4.1 制定服务质量标准

制定森林康养服务质量标准是保障体验者健康和满意度的关键措施之一。在构建这一标准体系时，必须充分考虑森林康养活动的独特性，这包括环境因素、气候条件以及自然资源的利用等。具体而言，针对服务质量等关键领域，应设计一系列具有操作性和可度量性的标准化指标，以便于项目的评估与管理。比如，在服务质量方面，标准需涵盖员工服务态度、服务响应速度和顾客满意度等要素。

5.4.1.1 服务质量标准化

森林康养服务质量标准化是指将森林康养服务的实施过程、操作方法、质量要求、安全规定等方面进行统一、规范化的制定，以提高服务质量和满足消费者需求（程媛媛等，2017）。这一过程对于保障森林康养服务的科学性、安全性和有效性具有重要意义。

（1）服务内容

明确森林康养服务的内容和项目，如森林散步、森林瑜伽、森林疗法等。对每个服务项目进行详细描述，以便消费者根据自身需求进行选择。根据消费者的反馈和需求，不断完善和调整服务内容，以提高服务的针对性和实用性。

（2）服务过程

对森林康养服务的各个环节进行规范，包括服务前的准备工作、服务过程中的操作方法、服务结束后的整理工作等。确保服务的连贯性和一致性，避免因操作不当导致的意外事故，保障消费者在享受服务过程中的安全和舒适。

（3）服务质量

制定森林康养服务的质量评价标准，包括服务环境、服务态度、服务技能等方面。对服务进行定期评估，以提高服务质量。通过引入服务质量管理体系，持续改进服务质量，提高消费者满意度（汤澍等，2014）。

（4）服务安全

制定森林康养服务的安全规定，包括森林防火、自然灾害应对、游客安全防护等方面。确保服务过程中的安全，预防潜在的风险。建立完善的安全应急预案，以应对突发事件，保障消费者的人身安全。

（5）服务人员

对森林康养服务人员进行培训和认证，确保服务人员具备专业知识和技能。提高服务水平和满意度，为消费者提供更加专业、贴心的服务。同时，建立服务人员的激励机制，鼓励他们不断提高自身业务水平，为消费者提供更好的服务。

通过森林康养服务标准化，可以提高森林康养服务的质量和竞争力，推动森林康养产业的规范化发展。在满足消费者需求的同时，也为森林康养服务提供商创造了更大的市场空间。

5.4.2 服务质量评价

森林康养服务质量评价是指通过对森林康养服务的过程、结果和反馈进行系统分析和评估，以了解服务质量的优劣，为持续改进森林康养服务提供依据（李华等，2018）。这一过程对于促进森林康养服务的优化和提升具有重要意义。

5.4.2.1 服务内容评价

评估森林康养服务的内容是否丰富、是否满足消费者需求，以及是否具有特色和优势，包括康养项目的设计、活动安排、服务设施等方面，需要综合考虑消费者在森林康养过程中的实际需求和体验。

5.4.2.2 服务过程评价

评估森林康养服务的各个环节是否流畅、是否符合标准化要求，以及是否存在问题或不足。这包括服务前的预约与接待、服务过程中的操作执行以及服务结束后的反馈与整理等方面。要关注服务过程中的沟通与协调，确保消费者在享受服务时能够获得良好的体验。

5.4.2.3 服务安全评价

评估森林康养服务过程中的安全措施是否到位，以及是否存在安全隐患和风险。这包括森林防火、自然灾害应对、游客安全防护等方面。确保服务过程中的安全，是提高森林康养服务质量的重要前提。

5.4.2.4 服务人员评价

评估森林康养服务人员的职业资格、工作态度、专业技能和服务水平，以了解服务人员对服务质量的影响。对服务人员进行培训和激励，提高他们的业务水平和综合素质，是提升服务质量的关键。

对森林康养服务质量进行全面了解，可为森林康养服务的改进和提升提供依据。森林康养服务质量评价还可以为消费者选择合适的森林康养服务提供参考，有助于提高消费者对森林康养服务的信任度和满意度。

5.4.3 服务质量改进措施

5.4.3.1 建立管理体系

建立完善的质量管理体系是确保项目持续提供高质量服务和产品的关键。质量管理体系从质量控制、质量保证、质量改进等方面（王俊莲等，2016），通过实施这些措施，可有效地预防和纠正问题，提高项目的整体水平。例如，设立专门的质量管理部门，负责制定和执行质量管理制度。

5.4.3.2 加强培训和教育

提高专业素质、增强服务意识，有助于更好地满足用户的需求和期望，对员工进行岗位培训、管理培训以及相关法律法规的培训等，提高员工的专业技能和综合素质。

5.4.3.3 定期检查和评估

发现问题并及时解决，确保森林康养项目持续提供高质量服务和产品。检查内容包括但不限于服务质量、设施设备、环境卫生等方面，评估则需要根据制定的质量标准进行量化分析。例如，定期邀请第三方专业机构对项目进行质量评估，提出改进意见和建议；可设立专门的质量监测点，对项目的各项指标进行实时监测和记录。

5.4.3.4 质量提升具体举措

（1）加强服务内容创新

根据消费者的需求和市场趋势，不断更新和丰富森林康养服务内容，提供多元化、个性化的服务项目，满足消费者不同的康养需求（刘永涛等，2020）。

（2）提高服务过程规范化

加强森林康养服务过程中的规范化管理，确保服务流程顺畅、操作方法科学，提高服务效率，减少不必要的失误。

（3）提升服务质量

关注消费者体验，提高服务质量，包括优化服务环境、提升服务态度、增强服务技能等，确保消费者在森林康养过程中感受到舒适和愉悦。

（4）引入智能化技术

利用人工智能、大数据等先进技术，提升森林康养服务的智能化水平，实现服务的个性化和精准化，提高消费者的满意度。

（5）加强品牌建设

通过营销策略和宣传手段，提升森林康养服务的品牌知名度和影响力，增加消费者的认知度和信任度。

（6）建立客户反馈机制

建立完善的客户反馈机制，及时收集消费者的意见和建议，对服务进行持续改进，形成良性的服务质量改进循环。

（7）营造良好的森林环境

注重森林资源的保护和合理利用，营造优美的森林环境，为消费者提供宜人的康养空间。

（8）强化安全保障

建立健全安全保障制度，确保森林康养服务过程中的安全问题得到有效解决，为消费者提供安全、放心的康养环境。

森林康养服务质量管理需要全面考虑，确保森林康养项目能提供高质量的服务和产品，满足用户的需求和期望。通过制定质量标准、建立管理体系、加强培训和教育、定期检查和评估以及强化沟通和反馈等措施，实现这一目标。

5.5 森林康养安全管理

森林康养安全管理是指在森林康养环境中进行康体养生活动时，对各种可能的风险因素进行有效管理和控制，以确保参与者的人身安全和健康。森林康养安全是至关重要的，需要从康养设施安全、康养活动安全、康养人员安全和康养信息安全等多个方面入手，确保康养参与者和工作人员的安全。

5.5.1 森林康养设施安全

5.5.1.1 森林康养设施

森林康养设施设备标准是指在森林康养基地建设和运营过程中，需要遵守的一系列关于设施和设备的规定，这些标准旨在保障森林康养服务质量和游客安全（王志英等，2016）。

（1）基础设施

森林康养基地应具备一定的基础设施，如道路、水电、通信、生态厕所等，以满足体验者的基本需求。

（2）住宿设施

提供舒适、安全的住宿设施，包括客房、卫生间、洗浴设备等。客房应保持清洁、安静，床上用品应定期更换并保持干燥整洁。

（3）餐饮设施

提供健康、营养的餐饮服务，保证食品安全和卫生。餐厅应具备良好的通风和卫生条件，餐具应定期消毒。

（4）康养设施

根据森林康养项目的特点，提供相应的康养设施，如步道、瑜伽台、冥想空间、健康咨询设备、健身器材等。康养设施应符合安全标准，易于游客使用。

（5）安全设施

设置必要的安全设施，如消防设备、急救包、安全警示牌等。安全设施应定期检查和维护，确保其正常使用。

（6）环保设施

配备环保设施，如垃圾分类收集场地、污水处理器等，确保基地的环保要求得到满足。

（7）设备维护

对设施和设备进行定期检查、维护和更新，确保其正常运行。

5.5.1.2 设施安全标准

（1）建筑安全标准

设施的建筑和结构应符合国家相关法规和标准，具有足够的稳定性和承载能力，以保障游客和工作人员的安全。

（2）设备安全标准

设施内的电气设备、消防设备、安全出口等应符合国家相关法规和标准，确保在紧急情况下能够正常使用。

（3）环保安全标准

设施应配备相应的环保设施，如污水处理系统、垃圾分类处理系统等，以保障环境安全。

5.5.1.3 设施安全维护

（1）日常巡查

设施应建立日常巡查制度，定期对设施进行全面的检查，及时发现和排除安全隐患。

（2）设备维护

设施应建立设备维护制度，定期对设施内的电气设备、消防设备等进行维护和保养，确保设备的正常运行。

（3）安全演练

设施应定期组织安全演练，提高员工应对突发事件的能力和水平。

5.5.1.4 设施安全标志

（1）安全标志

设施应设置明显的安全标志，包括警示标识、指示标识等，提醒游客和工作人员注意安全。

（2）急救标志

设施应设置急救标志，指示急救设备的位置和使用方法，以便在紧急情况下快速找到和使用。

（3）无障碍标志

设施应设置无障碍标志，指示无障碍设施的位置和用法，为残障人士提供便利。

5.5.1.5 设施安全教育

（1）岗前培训

对新员工进行岗前安全培训，使他们了解设施的安全标准和操作规程。

（2）在职培训

对员工进行定期的安全培训，增强他们的安全意识并提高操作技能。

（3）参与者教育

通过宣传册、标识牌等方式向游客宣传安全知识和注意事项，增强他们的安全意识。

5.5.1.6 设施安全防护

（1）安全防护设施

设施应设置相应的安全防护设施，如防护栏、防护网等，以保障游客和工作人员的安全。

（2）危险区域隔离

设施应对危险区域进行隔离，设置明显的警示标识和隔离设施，以避免游客误入危险区域。

(3) 安全逃生通道

设施应设置清晰的安全逃生通道，并定期进行清理和维护，以确保在紧急情况下能够快速疏散人员。

5.5.1.7 设施安全应急预案

(1) 风险评估与预案制定

设施应根据实际情况进行风险评估，制定相应的应急预案，确保能够及时应对各种突发事件。

(2) 应急物资储备

设施应储备足够的应急物资，如急救药品、消防器材等，以满足应急救援的需要。

(3) 应急处置与救援

设施应建立应急处置和救援机制，确保在突发事件发生时能够迅速采取有效措施进行处置和救援

5.5.2 森林康养活动安全

(1) 充分的前期准备

在活动开始前，对活动区域进行全面的风险评估，制定详细的活动计划和应急预案。

(2) 专业的指导与陪同

确保活动中有专业的森林康养师参与，他们能够处理突发事件并保障游客的安全。

(3) 明确的安全告知

向参与者明确、详细地告知活动的安全要求、风险提示以及遇到紧急情况时的应对措施。

(4) 必要的安全装备

提供必要的安全装备，如救生衣、登山杖、急救包等，并确保参与者正确使用。

(5) 合理的活动安排

根据参与者的年龄、健康状况和体能，合理安排活动难度和强度，避免超负荷的运动。

(6) 有效的沟通机制

建立有效的沟通机制，确保信息能够及时、准确地传递给每一位参与者。

(7) 规范的救援流程

制定并熟悉事故应急救援流程，确保在紧急情况下能够迅速、有效地进行救援。

（8）持续的安全教育

定期对工作人员进行安全教育和培训，增强他们的安全意识和应急处理能力。

（9）完善的保险机制

为参与者投保旅游意外险，以减轻意外发生时的经济负担。

5.5.3 森林康养人员安全

（1）人员安全标准

制定符合国家和行业标准的人员安全标准，以确保康养人员的安全。这些标准应包括：森林康养体验者的身体状况要求、安全防范措施、紧急救援措施、人员安全监测等方面。同时，根据森林康养体验者的活动特点和身体状况，制定相应的评估标准和检查项目，以确保人员安全。

（2）人员安全标志

在森林康养项目中，应设置明显的人员安全标志，包括指示牌、标识牌、警示标识等。这些标志应符合国家和行业标准，具有警示作用，引导森林康养体验者注意安全。

（3）人员安全监管

加强对森林康养体验者的安全监管，建立健全的安全管理制度和应急预案。设立专门的安全管理机构，对森林康养体验者进行实时监控和管理，及时发现和排除安全隐患。同时，监管人员应持续关注体验者的活动情况和身体状况，及时制止不安全行为。

（4）人员安全教育

对森林康养体验者进行有针对性的安全教育培训，增强他们的安全意识和防范能力。培训内容包括森林生态资源、景观资源、食药资源、文化资源与医学、养生学等方面的安全知识以及应急救援技能等。同时，定期进行安全演练，确保森林康养体验者能够应对突发事件。

（5）人员安全应急预案

制定森林康养体验者的应急预案，明确应急处置程序和责任人。针对可能出现的紧急情况，制定相应的应对措施和防范策略。建立应急物资储备制度，确保应急物资的充足和及时供应。在紧急情况下，及时组织救援和撤离，保障森林康养体验者的生命安全。

5.5.4 森林康养信息安全

（1）信息安全范畴

制定符合国家和行业标准的信息安全范畴，以确保森林康养信息安全，应包括网络安全、数据安全、个人隐私保护等方面。同时，加强对森林康养体验者的信息安全宣传和教育，增强他们的信息安全意识和防范能力。

（2）信息安全标准

制定符合国家和行业标准的信息安全标准，以确保康养信息安全。这些标准应包括信息系统的访问控制、数据备份与恢复、网络安全防护等方面。同时，根据森林康养项目的实际情况，制定相应的评估标准和检查项目，以确保信息安全。

（3）信息安全标志

在森林康养项目中，应设置明显的信息安全标志，包括网络安全提示、数据安全提示等。这些标志应符合国家和行业标准，具有警示作用，提醒森林康养体验者注意信息安全。

（4）信息安全监管

加强对森林康养体验者的信息安全监管，建立健全的信息安全管理制度和应急预案。设立专门的信息安全管理部门，对森林康养体验者的个人信息和活动情况进行实时监控和管理，及时发现和排除安全隐患。同时，监管人员应持续关注森林康养体验者的活动情况和信息安全状况，及时制止不安全行为。

（5）信息安全教育培训

对森林康养体验者进行有针对性的信息安全教育培训，增强他们的信息安全意识和防范能力。培训内容包括网络安全、数据安全、个人隐私保护等方面的安全知识。

（6）信息安全应急预案

制定森林康养体验者的信息安全应急预案，明确应急处置程序和责任人。针对可能出现的紧急情况，制定相应的应对措施和防范策略。建立应急物资储备制度，确保应急物资的充足和及时供应。在紧急情况下，及时组织救援和撤离，保障森林康养体验者的个人信息安全。

5.5.5 森林康养环境卫生安全

森林康养环境卫生标准是指针对森林康养活动中可能涉及的环境卫生问题，制定的具有针对性和可操作性的技术规范和措施（张丽娟等，2019）。它对于保障森林康养参与者的身体健康、维护生态平衡和促进森林康养产业的健康发展具有重要意义。

5.5.5.1 森林康养环境卫生标准的主要内容

①空气质量标准。森林康养环境中空气质量应达到《环境空气质量标准》(GB 3095—2012）的要求。

②水质标准。森林康养环境中的水质应符合《地表水环境质量标准》(GB 3838—2002）和《生活饮用水卫生标准》(GB 5749—2022）的要求。

③土壤质量标准。森林康养环境中的土壤质量应符合《土壤环境质量农用地土壤污染风险管控标准》(GB 15618—2018) 的要求。

④噪声标准。森林康养环境中的噪声应符合《声环境质量标准》(GB 3096—2008) 的要求。

⑤废弃物处理与处置。森林康养活动中产生的废弃物应按照《污水综合排放标准》(GB 8978—1996) 和《生活垃圾焚烧污染控制标准》(GB 18485—2014) 进行处理和处置。

5.5.5.2 森林康养环境卫生标准的实施与监管

①各级政府应加强对森林康养环境卫生标准的宣传和普及，增强社会公众的环保意识。

②相关部门应加强对森林康养活动的监督管理，确保森林康养环境卫生标准的落实。

③森林康养活动的组织者应严格遵守森林康养环境卫生标准，切实保障参与者的健康和安全。

④鼓励社会各界参与森林康养环境的监督，共同维护森林康养活动的健康发展。

森林康养环境卫生标准的制定和实施，有助于提高森林康养环境的卫生质量，保障参与者的身体健康，促进森林康养产业的可持续发展。需要各级政府、相关部门、森林康养活动组织者和参与者共同努力，共同创造一个优美、舒适、安全的森林康养环境。

5.6 森林康养人力资源管理

森林康养人力资源管理是指在森林康养产业中，对人力资源进行有效管理，以提高员工的工作效率和满意度，促进企业的可持续发展。本节主要从人力资源特点与规划、员工招聘与甄选、员工绩效管理、培训与开发、森林康养服务人才知识及技能要求等方面介绍有关人力资源管理的基本知识，以期为读者提供学习参考。

5.6.1 森林康养人力资源特点与规划

5.6.1.1 森林康养人力资源管理特点

(1) 功能多样化

森林康养是林业与养生养老、休闲旅游、中医中药、康复疗养、体育运动、科普教育等多业态融合发展的绿色产业、富民产业和新兴产业，其所需的人力资源具有功能多样化的特点。一个森林康养企业需要配备管理人员、专业技术人员、接待人员、服务人员、后勤保障人员等多种专业人员，特别需要跨界融合的复合型专业人才，这既是企业运行的保障，也是影响森林康养服务质量的关键因素。

（2）素质综合化

森林康养企业所提供的产品和服务，属于高层次的生态供给，需要高素质的人力资源，高素质人力资源主要体现在个人能力、职业道德和职业习惯3个方面。个人能力方面，要具备良好的文化修养、较高的知识层次、敏锐的观察力和较强的交际能力；职业道德方面，要求敬业爱岗、尽职尽责、工作热情、态度友好、自觉维护森林康养企业的形象和利益；职业习惯方面，要求对森林康养事业保持积极努力的心态，对业务保持不断学习和进取精神，坚持做好本职工作的努力等。

（3）结构复杂化

森林康养人力资源管理的结构复杂性体现在其多元化和多维度的管理需求上，这一领域的人力资源管理不仅要关注传统的人事管理职能，还需考虑如何结合森林生态资源、养生学、医疗服务等多方面因素，提供全面的康养服务。森林康养产业是涉及林业、医学、旅游、心理学等多个学科的综合性领域。这就需要在人力资源规划与利用上，不仅要围绕获取经济利益的商业需求展开，还需要考虑满足社会对生态供给需求的要求，吸引具有不同专业背景的人才，在培训和发展中为员工提供跨学科的学习机会，以支持产业的健康发展。

5.6.1.2 森林康养人力资源结构类型

森林康养人力资源结构类型一般分为纵向和横向2个结构类型。

（1）森林康养企业人力资源的纵向结构

纵向结构主要分为决策层、管理层和作业层。决策层由投资者或资产所有权人组成；管理层由企业各部门经营管理人员组成；作业层是为森林康养受众提供服务的森林康养师、中医师、保健按摩师、自然教育师等专业技能人员以及各类辅助人员。对应人力资源的纵向结构，森林康养基地行政管理体制一般采取纵向组织体系管理。通常，需建立自上而下的四级组织层次，并落实各层组织的业务范围、经营管理职责和权力，从而保证森林康养基地各项经营活动的顺利进行。四级行政管理体制主要包括总经理层、部门经理层、主管领班层和操作员工层，由此构筑起一套等级分明的行政管理架构。

（2）森林康养企业人力资源的横向结构

根据企业内各种业务开展的需要而合理配备的各种专职人员分类，横向结构包括管理者、生产与服务者、志愿者等。

管理者中分为经营管理人员和行政管理人员两类。经营管理人员涵盖了从高级职业经理人（如首席执行官CEO）、财务与会计专业人士、规划与设计专家到技术工程师等关键岗位。这些个体不仅须精通其专业领域的核心知识，还须配备相应的管理技能、能力以及领袖素质，以满足其岗位的要求。行政管理人员则通常指各职能部门及业务部门的办公室职员。这类人员应当具备卓越的组织管理才能、沟通技巧和专业技术能力，确保行政运作的高效和有效。

生产及服务人员根据其职能领域可划分为专业技术类人员、后勤支持人员、客户服务人员以及特殊辅助类人员等。专业技术类人员包括森林疗养师、按摩治疗师、心理顾问、中医医师、烹饪师、针灸师、自然教育工作者、导游以及解说人员等，这些专业人士通常须持有国家认可的专业资格证书或具备相应职位所需的专业技能与知识。客户服务人员主要涉及票务销售员、接待人员、仓库管理人员、销售人员、景区管理人员、服务工作人员、厨务助理、辅助技术工人、船务工作人员等，这些人员应接受基础的业务培训，并能够在遵循指令的前提下，按照高标准完成上级布置的工作任务。

后勤支持人员主要包括助理向导、安保人员、会计核算人员以及救生人员等，这些工作人员均应有相应的专业能力，负责向顾客或同事提供安全保障和其他后勤服务。

特定职能的辅助人员则涵盖了停车场管理人员、门卫和勤杂工等职位，这些人员应具备对工作的热情与基本的职业素养，确保企业的日常运营得以顺畅高效地进行。

志愿者团体可划分为体验型志愿者与服务型志愿者两大类。体验型志愿者通常针对森林康养医学实证研究、森林冥想、森林瑜伽等特定活动，面向社会招募，要求具备相关领域的专业知识。此类志愿者的选拔条件主要依据其是否满足森林康养活动所要求的身体条件及其他相关标准。服务型志愿者则指那些志愿在森林康养活动中担任助理向导、安全监督等职务的个人或群体。一般而言，对这些志愿者的基本要求包括良好的身体状况和对工作的热情等基本素质。

5.6.1.3 森林康养人力资源规划

（1）人力资源规划概述

人力资源规划是指对组织处于变化中的人力资源需求和供给情况进行科学预测，并制定相应的政策和措施，实现人力资源供需平衡，以达成组织的战略目标和长远利益。

（2）人力资源规划的内容

人力资源规划包括 2 个层次，即总体规划和各项业务计划。人力资源总体规划是指有关规划期内人力资源管理和开发的总目标、总政策、实施步骤以及总预算的安排等，它是根据组织战略规划制定的。人力资源所属的各项业务计划是人力资源总体规划的进一步展开和细化。

（3）森林康养人力资源规划的工作程序

森林康养人力资源规划一般可分为如下 6 个步骤：环境分析、人力资源需求预测、人力资源供给预测、确定人力资源净需求、编制与实施人力资源规划和人力资源规划评估。

①环境分析。进行人力资源规划前，综合分析森林康养企业的内外部影响因素是至关重要的。在宏观层面，外部的社会、政治、法律和经济环境等因素对企业的人力资源需求和供应产生显著影响；而在微观层面，企业内部的战略布局、实施方案、各部门的具体计划以及现有的人力资源状况等内部因素同样会对企业未来的人力资源需求和供应产生决定性的作用。

②人力资源需求预测。人力资源需求预测是一项重要的组织活动，旨在为达成既定的组织目标，对未来所需的员工数量及类别进行预估。多种方法可用于进行人力资源需求预测，其中包括自上而下的预测法、德尔菲法以及趋势分析法等。各企业可基于其具体状况选择适当的预测手段。例如，德尔菲法通常以问卷方式实施，征集领域专家（特别是人力资源管理专家）对未来人力资源需求的分析与评价。

③人力资源供给预测。人力资源供给预测涵盖了对未来一定时期内森林康养企业所能获取的员工数量及类别的估算，这一过程包括组织内部供给的预测以及外部市场供给的预测。在满足人力资源需求时，应优先考量组织内部现有人力资源的充分利用。

针对组织内部的人力资源供给预测，有多种方法可供选择，例如，通过分析在职员工的人事档案资料，可以对组织内的人力资源潜在供应进行预测。而组织的外部人力资源供给预测则需聚焦于从劳动力市场招募所需人员以补充或扩大企业员工队伍的可能性。在进行外部人力供给预测时，森林康养企业需考虑包括社会经济状况、就业偏好趋势以及公司自身在劳动市场中的吸引力等关键因素。

④确定人力资源净需求。在对员工未来的需求与供给预测数据的基础上，将本组织人力资源需求的预测数与在同期内组织本身可供给的人力资源预测数进行对比分析，从而测算出各类人员的净需求数。这里所说的"净需求"，既包括人员数量，又包括人员的质量、结构；既要确定"需要多少人"，又要确定"需要什么样的人"。基于对未来人力需求的预测以及组织内部和外部人力资源供应情况的分析，企业能够通过比较这些数据，计算出在未来特定时期内对不同类型人力资源的净需求量。

⑤人力资源规划编制与实施。明确了未来森林康养企业人力资源的净需求后，便可着手编制并执行一套人力资源规划，该规划既包括宏观的总体策略，也涵盖各项具体的业务计划。基于这些数据，企业还能提出调节人力资源供需平衡的具体政策和措施。例如，在人力资源供不应求的情况下，企业可采取的策略包括增加工作时间、实施裁员、将工作外包或者缩减业务规模；而在人力资源过剩时，则可考虑减少工作时间、实施裁员、临时性的停工放假或者扩大业务量等措施。

⑥人力资源规划评估和控制。在人力资源规划实施之后，必须对该规划本身及其执行成效进行细致的评估与监督，以确保相关政策措施得以有效落实，并提升管理效益。

5.6.2 森林康养员工招聘与甄选

5.6.2.1 招聘

招募工作作为企业人力资源管理中的一项基础而关键职能，对于构建组织的人力资源结构具有至关重要的作用，并对整个人力资源管理的其他方面产生显著的影响。在当前竞争加剧的商业环境中，招募活动对于森林康养企业的持续成长与进步变得尤为重要。高效和科学的招募流程不仅能够增强企业在人才市场上的竞争优势，而且对于促进森林康养企业战略目标顺利达成亦发挥着关键作用。

（1）内部招聘

森林康养企业在进行内部招聘时，可采取多种方法，包括内部晋升、岗位互换、轮岗制度、转岗培训以及重新雇用或返聘已离职员工等。具体的实施方式包含以下几种：

①发布内部招聘公告。此种方法通常针对全体在职员工，通过显眼的公告形式提供职位空缺信息。内部招聘公告不仅能够激发员工士气，还能为员工提供转换“跑道”的机会，使员工的技能和需求得到更好的匹配。此外，这种方式成本较低，能快速填补职位空缺，对企业而言具有显著优势。

②查阅人事档案资料。企业可通过审阅人力资源档案中的相关信息来进行内部招聘，这些信息可能包括员工的姓名、职位类别、工作经验、特殊技能与知识、教育背景等。这一过程通常需要借助人力资源信息系统及人力资源管理系统来执行。

③管理层指定或任命。对于一些特定职位，管理层可能会根据员工的绩效评估结果来挑选候选人，甚至直接进行任命。

这些方法均有助于确保企业在现有人力资源中发掘合适的候选人以填补职位空缺，同时也能促进员工的职业发展和内部流动。

（2）外部招聘

外部招聘是企业为了填补人力资源缺口而从组织外部引进人才的一系列活动。具体的外部招聘方式包括：

①刊登广告。招聘广告可通过多种媒体传播，包括传统媒体如报纸、杂志、广播和电视，以及随着信息技术发展而兴起的网络媒体。网络招聘可通过企业官方网站或第三方招聘平台实现，利用简历数据库或搜索引擎等工具寻找合适人选。

②就业服务机构。这些机构专门向企业提供人力资源服务，形式包括临时劳务市场、固定劳动介绍机构以及人才交流中心等。

③猎头公司。推荐猎头公司专注于为企业寻找高级管理人才和专业技术人才，擅长主动接触非主动求职者，以节约企业的时间和成本。

④校园招聘。通过与教育机构合作，企业可以从毕业生中招募新鲜人才，方法

包括举办招聘会、委托培养、设立奖学金等。

⑤推荐和自荐。这种方式有助于节省招聘成本，同时可能吸引到高质量的候选人，许多企业倾向于接受推荐或自荐来补充人才库。

⑥招聘会。参加招聘会可以提供一种直接且高效的面对面交流机会，使求职者和企业代表能够直接沟通，快速了解对方需求，提高招聘效率。

以上各种外部招聘方式各有优势，企业可根据自身的具体需求和资源情况选择最合适的方法进行人才的外部招聘。

5.6.2.2 甄选

人员甄选指的是雇主基于既定职位需求及标准，通过应用合适的工具和方法，对求职者进行综合评审与选择的过程。作为招聘流程中至关重要的一环，人员甄选涉及多方面的评估技术，包括各种测试和筛选手段。例如，在招募森林康养师、自然教育师、林业工程师、心理咨询师、中医师等专业职位时，可以结合专业知识测验和实际操作技能测试进行综合评价，同时重视候选人的实际技能和操作能力。

5.6.3 森林康养员工绩效管理

在完成招聘和人员选拔之后，企业接下来必须执行绩效管理。当代的企业管理者们越来越认识到绩效管理的重要性，并寻求各种方法来提升员工的工作表现，以此优化管理成效并推进企业的战略执行成果。绩效管理是通过有效的双向沟通机制，激励团队与个人采取符合组织战略目标的行为，从而达到预期的组织效益和产出的过程。

（1）制订绩效计划

制订绩效计划是确立组织对员工工作表现的期望，并获得员工的共识的正式过程。这一过程涉及管理层与员工协商确定绩效目标及行动方案。一个有效的绩效计划应明确规定员工所期望实现的成果，以及为实现这些成果所需展现的行为和技能。

（2）管理绩效

管理绩效是绩效管理周期中的一个核心环节，其关键在于确保员工能够依照既定的绩效目标，在约定的时间框架内顺利完成工作任务。在此阶段，管理者负责监测、记录与评估员工的工作表现，并提供必要的反馈与指导。

5.6.4 森林康养员工培训

员工培训与开发构成了企业人力资源管理的核心内容，对于森林康养企业而言，它是对人力资本进行投资的关键路径。这一过程对于增强企业的市场竞争力、优化成本结构、维持稳定的工作质量以及打造持续学习型组织具有不可忽视的作用。针对森林康养企业的发展需求及员工的技术提升需求，培训内容通常涵盖了线上理论课程、线下实操培训、核心课程以及专业课程等。

5.6.4.1 线上理论课程

线上理论课程涵盖了一系列专业领域的知识与技能，包括最新的森林医学研究进展、森林康养项目的规划与设计原则、对森林康养技术标准的详细阐释、环境心理学在促进森林康养效果中的应用、对典型森林康养基地案例的分析学习、森林康养师职业素质的培养以及提升森林康养基地服务效能的策略等。这些课程旨在为从业人员提供全面的理论支持和专业指导，以提升其服务质量和专业技能。

5.6.4.2 线下实操培训

线下实操培训涉及一系列实践技能的培训，旨在提升森林康养专业人员的实际操作能力。这些培训内容包括：森林康养心理疏导、森林康养作业疗法、识别和利用康养植物、森林康养芳香疗法的手作实践、森林康养气候地形疗法和荒野疗愈技术、自然艺术与手工创作实践、森林康养基地专业解说以及安全服务与保障的实操演练等。通过这些实操培训，员工能够在实际工作中更好地运用理论知识，提高服务水平和客户满意度。

5.6.4.3 核心课程

核心课程是森林康养培训体系中的重点内容，旨在深化从业人员对行业的理解与认识。这些课程包括：探索森林康养的历史沿革和发展过程、解析其作用原理和疗愈机制、评估森林康养产业的发展趋势、研究森林治疗因素的科学基础、应用植物挥发性有机化合物的研究进展、开发森林康养相关产品以及构建森林康养基地品牌的策略等。这些核心课程的设计，意在为专业人员提供行业深度知识，促进其专业成长从而推进行业发展。

5.6.4.4 专业课程

专业课程是针对森林康养企业运营和管理的具体实践而设计的一系列深入教学模块。这些课程内容涵盖了森林康养行业的政策法规解读、项目立项和审批流程、企业战略规划、自然资源的开发与利用、市场营销策略、资本运作机制、团队建设方法、康养业态的设计与规划以及特色项目的运营管理等多个方面。通过专业课程的学习，旨在为从业人员提供全面的行业操作指南和管理技能，以便在实际工作中更有效地应对挑战，提升企业的竞争力和市场表现。

5.6.5 森林康养服务人才知识及技能要求

森林康养服务人才是提高森林康养服务质量的关键，也是推动森林康养业发展的重要保障。应根据森林康养服务业态和服务规模配备足量的、专业的森林康养服务人才，主要森林康养服务人才和应具备的相应知识及能力详见表 5-1。

表 5-1 康养职业技能要求

名称	知识及能力	等级及要求
森林园林康养师	从事森林或园林康养方案设计、环境评估、场所选择、康养服务、效果评估、咨询指导的服务人员。主要工作任务： ①运用森林或园林康养、林业学、风景园林等理论、技术和方法，评估康养环境、选择康养场所； ②规划设计并指导营建康养基地、康养浴场、康养园林、康养步道等康养设施； ③使用健康检测设备、健康评定量表等手段，采集、分析、评估康养对象健康状况和健康需求信息，制订康养计划和方案； ④运用康养技术和自然养生疗法，组织和指导康养对象开展康养活动； ⑤评估康养效果并调整康养方案； ⑥提供森林或园林康养咨询服务	该职业国家职业技能标准尚未发布
森林疗养师	基础知识要求： ①林学、医学、心理学基础及其交叉学科基础知识； ②当代健康管理变迁及其发展趋势、描述健康的原则和方法；森林疗养信息收集、分类、分析整理； ③森林概念及基本知识、森林疗养服务的概念、功能和作用、森林疗养服务的制度化、专业化、社会化的概念和意义； ④相关法律法规； ⑤森林疗养服务的典型运作模式； ⑥森林疗养的主要技术和方法； ⑦森林疗养活动设计与方案策划； ⑧森林疗养项目管理、应用与推广。 工作技能要求： ①编制森林疗养项目接待程序、工作业务规程、处理接待工作中的疑难问题和突发事件、为访客提供森林疗养工作信息指导、为访客提供全过程的森林疗养工作信息咨询、为群体开展信息咨询以及能够按咨询目标启发、引导访客独立思考，正确指导其解决问题、咨询失败的处理、剖析讲解典型案例等； ②能够针对不同访客群体，进行健康管理的基础性指导，为访客提出个性化的森林疗养的建议；	该职业证书目前由中国林学会组织培训方式获取，培训对象为森林康养、自然教育等从业者； 根据国内外相关培训的实际情况和发展经验，森林疗养师暂不分级

（续）

名称	技能	等级及要求
森林疗养师	③能够实施访客健康管理取向分析，据此帮助访客制定个人健康管理的决策，并促进其做出明智选择，能够根据来访者的需求及其具体情况，确定培训课程的总体目标、科学选择和利用合适的森林疗养资源和场地根据森林疗养课程目标和对象，设定森林疗养项目的内容和方式，进行森林疗养课程设计效果的评估，讲解森林疗养课程设计的基本方法； ④能够针对访客，组织跟踪、回访工作，能够引导访客开展森林疗法并收集相应数据，能够对访客进行服务后的信息追踪、对跟踪服务的结果进行整理归档	
健康管理师	从事个体或群体健康状况监测、分析、评估，以及健康咨询指导和健康危险因素干预等工作的人员。主要工作任务： ①采集和管理个人或群体的健康信息； ②运用健康风险识别和风险分析等方法，评估个人或群体的健康危害和疾病发生的风险； ③对需求者进行个人或群体的健康咨询与指导； ④制订个体或群体的健康促进和非医疗性疾病管理计划； ⑤对个人或群体进行健康维护和非医疗性疾病管理； ⑥对个体或群体进行健康教育和适宜技术推广； ⑦进行健康管理技术的研究、开发与推广； ⑧进行健康管理技术应用的成效评估	该职业共设5个职业等级：健康管理师五级（初级）、健康管理师四级（中级）、健康管理师三级（高级）、健康管理师二级（技师）、健康管理师一级（高级技师）。健康管理师五级为本职业的起点职业等级，健康管理师一级为本职业的最高职业等级。2022年，可直接申报健康管理师三级（高级）。报考条件应根据职业资格证官网报考要求为准，通过相关培训机构报考，不支持个人报考，以三级健康管理师为例，具备以下条件之一者可以申报三级： ①具有医药卫生专业大学专科以上学历证书； ②具有非医药卫生专业大学专科以上学历证书，连续从事医药卫生相关工作2年以上。经三级健康管理师正规培训达规定标准学时数，并取得结业证书； ③具有医药卫生专业中等专科以上学历证书，连续从事本职业或相关职业工作3年以上，经三级健康管理师正规培训达规定标准学时数，并取得结业证书； ④部分地区可通过培训学习指定课时后，由机构报名考试

（续）

名称	技能	等级及要求
自然教育师	从事以自然环境为背景，通过系统科学有效的方法，以引导人们感受和欣赏自然，理解并认同自然对于人类的重要性，认同自然保护的意义，激发自我行动或参与保护的意愿为目标的教育工作人员。主要工作任务： ①具有积极向上的世界观和价值观，具有良好的道德习惯，热爱自然，尊重自然，自觉爱护自然、保护自然； ②了解常见的动植物和生态系统知识，掌握其识别特征和生长特性； ③具备教育心理学和自然教育基本理论知识； ④能够根据不同的对象（青少年、成人等）、不同的自然教育场所（森林、草原、湿地、荒漠等），独立策划和实施丰富多彩、各具特色的自然教育活动，能够进行行之有效的沟通和引导，确保活动实施效果	该职业证书目前由参与培训的方式获取，培训对象为：①全国各类自然保护地工作人员；从事或有意从事自然教育活动的教育工作者，特别是相关自然生态：森林、草原、湿地、海洋、沙漠等自然教育营地基地场所的项目开发负责人或从业者； ②地方各级林业主管部门计划开展青少年自然教育、综合实践活动和研学旅行、营地教育等项目的森林公园、自然保护区、湿地公园、沙漠公园、风景区和林场的项目负责人或从业人员； ③从事文旅、研学旅行、营地教育等校外素质教育相关从业人员；中、小学校负责学生实践活动和研学教育的负责人；中、小学自然科学课程教学的教育工作者，包括且不仅限于自然老师、地理老师、生物老师、语文老师和幼儿园园长、幼儿园负责自然教育活动的老师等；大、中专院校（体育、师范）和教育改革研究机构负责综合实践活动和研学课题研究人员；志愿从事自然教育事业的在校大学生等
中医康复医师	运用中医药理论，进行患者身体功能康复治疗的专业人员。主要工作任务： ①运用望、闻、问、切等中医诊断方法，进行诊断； ②运用现代医学诊察技术和方法，进行辅助诊断； ③进行中医康复评定； ④制订合理的中医康复计划和综合康复计划； ⑤使用药物、中医技术和现代康复技术，进行康复治疗； ⑥书写病历，记录病案	可参照中医康复理疗师报考条件： ①需要具有医学、护理、康复等相关专业的中专及以上学历，或者具有非相关专业的大专及以上学历，同时要求毕业时间满 1 年 ②需要具有在医疗、康复、护理等领域的工作经验，具体要求为：在相关医疗、康复、护理机构实习满 1 年；在相关医疗、康复、护理机构工作满 1 年；具有相关医学、护理、康复专业证书，并且工作满 1 年

（续）

名称	技能	等级及要求
民族医疗师	运用少数民族医学理论和技术方法，从事疾病的预防、诊断、治疗和康复的专业人员。主要工作任务： ①运用少数民族医药理论和技术，诊断疾病； ②运用现代医学诊察技术和设备，进行辅助诊断； ③开具民族医药治疗处方，制订治疗方案； ④运用民族药物、药浴、放血、推拿、针刺、泻脉、火灸、奄熨、沙疗、熏蒸、睡药、洗药、坐药、包药、针挑、穴位刺血、经筋、药罐等疗法进行治疗	该职业国家职业技能标准尚未发布
营养师	从事人群或个人膳食营养状况和食品营养测定和评价，膳食指导和评估，社区营养管理，传播营养、平衡膳食与食品安全知识等社会公共健康服务的人员。主要工作任务： ①运用膳食调查、人体体格测量、身体活动量测定、实验室检测等方法，进行特定人群或个体营养状况评价，并提供指导； ②运用食物摄入量调查、膳食营养素摄入量计算、膳食营养分析和评价等方法，进行人群或个人的膳食结构营养评价、管理和指导； ③测定营养素和食物需要量，编制和调整食谱，进行食物营养评价和食物选购指导； ④提供营养与食品安全知识咨询； ⑤收集营养与健康信息，建立和管理营养与健康档案，设计和实施营养和运动干预方案，进行社区健康教育和营养干预	公共营养师职业共设4个等级，分别为：四级（中级工）、三级（高级工）、二级（技师）、一级（高级技师）。报考条件应根据职业资格证官网报考要求为准，通过相关培训机构报考，不支持个人报考。以四级（中级工）为例，具备以下条件之一者，可申报四级（中级工）： ①取得相关职业五级/初级工职业资格证书（技能等级证书）后，累计从事本职业或相关职业工作1年（含）以上，经本职业四级/中级工正规培训达到规定学时数，并取得结业证书； ②取得相关职业五级/初级工职业资格证书（技能等级证书）后，累计从事本职业或相关职业工作4年（含）以上； ③累计从事本职业或相关职业工作3年（含）以上，经本职业四级/中级工正规培训达到规定学时数，并取得结业证书； ④累计从事本职业或相关职业工作6年（含）以上； ⑤取得技工学校本专业或相关专业②毕业证书（含尚未取得毕业证书的在校应届毕业生）；或取得经评估论证、以中级技能为培养目标的中等及以上职业 学校本专业或相关专业毕业证书（含尚未取得毕业证书的在校应届毕业生）

（续）

名称	技能	等级及要求
营养配餐员	从事就餐对象营养需求调查、分析和平衡膳食与食疗养生食谱设计工作的人员。主要工作任务： ①调查市场供应食材的品种、营养、性味特点和食疗功能； ②计算不同菜点的营养素含量； ③调查、分析就餐对象营养与食疗的差异性需求； ④运用营养学知识、结合烹饪技法和食材的食疗功能，设计菜点的营养标签和食疗功能说明； ⑤依人群、餐次和就餐要求，计算热量及三大产能营养素需要量； ⑥设计符合就餐对象要求的主副食品种，配制相应的食疗养生膳和营养配餐食谱	该职业共设3个等级，分别为：中级（国家职业资格四级）、高级（国家职业资格三级）、技师（国家职业资格二级）。报考条件应根据职业资格证官网报考要求为准，通过相关培训机构报考，不支持个人报考。以中级为例，具备以下条件之一者，可申报营养配餐员中级： ①取得餐饮职业（如烹调、面点、餐厅服务等）初级以上职业资格证书或从事餐饮相关职业（如烹调、面点、餐厅服务等）工作3年以上，经本职业中级正规培训达规定标准学时数，并取得毕（结）业证书； ②取得经劳动保障行政部门审核认定的、以中级技能为培养目标的中等以上职业学校本职业（专业）毕业证书
讲解员	在展览与游览场所，从事接待、解说、引导等工作的人员。主要工作任务： ①编写讲解词； ②引导观众参观展览及人文、自然景观等，进行现场讲解； ③引导观众遵守观展秩序，维护展览、人文景观和自然生态环境，组织观众应对处置现场突发事件等； ④策划组织专题讲座、流动展览等宣传教育活动； ⑤培训志愿讲解人员； ⑥处理突发事件等	该国家职业技能标准尚未发布
保健调理师	运用中医经络腧穴理论知识，使用刮具、罐具、灸具、砭具等器具和相关介质，在顾客体表特定部位进行刮痧、拔罐、灸术、砭术等保健调理操作的人员。主要工作任务： ①接待、询问并判断宾客身体状况； ②根据宾客需求和身体状况，确定保健方法和调理部位； ③准备刮具、罐具、灸具、砭具等调理器具和介质，进行消毒处理； ④使用牛角、玉石等材质的刮具，运用刮痧、放痧、撮痧等方法，在顾客体表特定部位或穴位进行刮痧调理操作	该职业共设5个等级，分别为：初级（国家职业资格五级）、中级（国家职业资格四级）、高级（国家职业资格三级）、技师（国家职业资格二级）、高级技师（国家职业资格一级）。报考条件应根据职业资格证官网报考要求为准，通过相关培训机构报考，不支持个人报考。以初级（五级）为例，报考须具备以下条件之一： ①累计从事本职业或相关职业工作1年（含）以上； ②本职业或相关职业累计师带徒工作1年以上者

（续）

名称	技能	等级及要求
保健调理师	⑤使用艾炷、艾条、药饼等灸具和材料，运用艾炷灸、艾条灸、温灸器灸等方法，在顾客体表特定部位或穴位进行灸术调理操作； ⑥使用玻璃、竹、陶瓷、抽气罐等罐具，运用留罐、闪罐、走罐等方法，在顾客体表特定部位或穴位进行拔罐调理操作； ⑦使用板形、锥棒形、块形、球形、复合形和电热等砭具，运用摩擦、摆动、挤压、叩击、熨敷等方法，在顾客体表特定部位或穴位进行砭术调理操作； ⑧清洁调理操作部位，并整理物品； ⑨根据顾客身体状况，提出饮食、作息、运动等生活方式建议； ⑩告知顾客调理后的注意事项，提出调理计划，进行日常保健方法培训	
保健按摩师	运用经络腧穴知识和中医按摩手法，进行人体特定部位或穴位按摩的人员。主要工作任务： ①接待顾客，询问需求及身体不适情况； ②判断并提出按摩方案； ③准备工作环境； ④依顾客需求，选择仰卧位、俯卧位等体位，并进行按摩； ⑤进行按摩后整理，并提出按摩后保健建议； ⑥进行按摩培训指导	该职业共设4个等级，分别为初级（国家职业资格五级）、中级（国家职业资格四级）、高级（国家职业资格三级）、保健按摩技师（国家职业资格二级）。报考条件应根据职业资格证官网报考要求为准，通过相关培训机构报考，不支持个人报考。以初级（五级）为例，报考须具备以下条件之一： ①经正规初级保健按摩师技能培训，并取得毕（结）业证书； ②从事或见习从事保健按摩工作1年以上
芳香保健师	使用天然芳香植物精油和其他芳香植物材料，运用香薰、水疗、按摩和精油调理等方法，进行宾客身心保健的人员。主要工作任务： ①接待顾客，并提供咨询服务； ②根据顾客所选护理项目，布置周围场景环境； ③根据顾客所选护理项目，选择香薰精油和护理方式，能根据客人的身心状况调配基础油、精油、纯露	该职业共设3个等级，分别为三级（高级工）、二级（技师）、一级（高级技师）。报考条件应根据职业资格证官网报考要求为准，通过相关培训机构报考，不支持个人报考。以三级（高级工）为例，报考须具备以下条件之一： ①取得相关职业四级（中级工）职业资格证书（技能等级证书）后，累计从事本职业或相关职业工作2年（含）以上，经本职业三级（高级工）正规培训达到规定学时数，并取得结业证书； ②取得相关职业四级（中级工）职业资格证书（技能等级证书）后，累计从事本职业或相关职业工作4年（含）以上

（续）

名称	技能	等级及要求
芳香保健师	④根据精油的成分及特质，调配精油比例，进行皮肤护理，精油香薰、芳香水疗（SPA）、芳香精油按摩、芳香精油刮痧、芳香美容美体、芳香瑜伽、芳香保健产品制作； ⑤消毒用具，调整场所温度，运用芳香疗法和按摩手法，进行保健护理	③取得相关职业四级（中级工）职业资格证书（技能等级证书），并具有高级技工学校、技师学院毕业证书（含尚未取得毕业证书的在校应届毕业生）；或取得相关职业四级（中级工）职业资格证书（技能等级证书），并具有经评估论证、以三级（高级工）技能为培养目标的高等职业学校本专业或相关专业毕业证书（含尚未取得毕业证书的在校应届毕业生）； ④具有大专及以上本专业或相关专业毕业证书（含尚未取得毕业证书 的在校应届毕业生）； ⑤具有大专及以上非相关专业毕业证书，累计从事本职业或相关职业工作 2 年（含）以上； ⑥具有大专及以上非相关专业毕业证书，经本职业三级（高级工）正规培训达到规定学时数，并取得结业证书
植物精油调理师	能针对不同类型皮肤的特点调配基础油、精油、纯露的人员。主要工作任务： ①能根据宾客的头发状况调配护发基础油、精油、纯露； ②能根据宾客的需求调配美容美体基础油、精油、纯露； ③能根据宾客的健康状况调配改善循环、缓解肌肉酸痛等不适症状的基础油、精油、纯露	该职业的职业技能标准与芳香保健师一致，区别在于两者的考试内容侧重点不同，具体内容参照芳香保健师国家职业技能标准
养老护理员	从事老年人生活照料、护理服务工作的人员。主要工作任务： ①体征观测，能协助老年人测量生命体征并观察、记录； ②体位转换，能为老年人正确摆放体位；能协助老年人进行各种体位的转换；能使用助行器、轮椅等辅助器具协助老年人转移； ③康乐活动，能示范、指导老年人手工活动；能示范、指导老年人娱乐游戏活动； ④沟通交流，能与老年人和家属沟通；能与团队成员沟通	该职业共分 4 个等级：初级（国家职业资格五级）；中级（国家职业资格四级）；高级（国家职业资格三级）；技师（国家职业资格二级）。报考条件应根据职业资格证官网报考要求为准，通过相关培训机构报考，不支持个人报考。以初级为例，报考须具备以下条件之一： ①经本职业初级正规培训达规定标准学时数，并取得毕（结）业证书； ②在本职业连续见习工作 2 年以上

（续）

名称	技能	等级及要求
茶艺师	在茶室、茶楼等场所，展示茶水冲泡流程和技巧，以及传播品茶知识的人员。主要工作任务： ①鉴别茶叶品质； ②根据茶叶品质，选择相适的水质、水量、水温和冲泡器具，选配茶点； ③根据茶艺要求，选择音乐、服装、插花、香薰等； ④展示、解说茶水冲泡流程和技巧； ⑤介绍名茶、名泉及饮茶知识、茶叶保管方法等； ⑥进行茶席设计	该职业共分5个等级：初级（五级），中级（四级），高级（三级），技师（二级），高级技师（一级）。报考条件应根据职业资格证官网报考要求为准，通过相关培训机构报考，不支持个人报考。以初级为例，报考须具备以下条件之一： ①累计从事本职业或相关职业工作1年（含）以上； ②本职业或相关职业学徒期满
研学旅行指导师	策划、制订、实施研学旅行方案，组织、指导开展研学体验活动的人员。主要工作任务： ①信息收集与分析，能基于给定的方案或工具收集研学受众需求信息。能根据要求归类整理研学受众需求信息； ②活动准备，活动行前准备（能解读研学课程方案；能根据研学课程方案及实施计划，明确工作任务及工作职责，做好相关知识、形象及心理准备；能根据研学课程方案及实施计划清点活动物料）；活动安全隐患排查（能根据研学课程方案与实施计划，对住宿、用餐、车辆等进行安全隐患排查；能根据研学课程方案与实施计划，对研学基地教育设施、导览设施、配套设施等进行安全隐患排查；能对研学路线进行安全隐患排查）； ③活动实施与保障，研学活动课程实施（能使用普通话讲解研学活动流程、组织形式、注意事项等；能介绍、分发、回收学具等物品；能使用多种方式观察与记录研学活动过程；能对文明出行进行说明、提醒并阻止不文明行为）；学习任务引导与检查（能关注研学受众学习状态，对学习方式的选择进行指导；能引导研学受众进行团队协作，激励其积极参与活动、总结分享；能指导研学受	该职业共设4个等级，分别为：四级（中级工）、三级（高级工）、二级（技师）、一级（高级技师）。报考条件应根据职业资格证官网报考要求为准，通过相关培训机构报考，不支持个人报考。以四级（中级工）为例，报考须具备以下条件之一： ①累计从事本职业或相关职业工作满5年； ②取得相关职业五级（初级工）职业资格（职业技能等级）证书后，累计从事本职业或相关职业工作满3年； ③取得本专业或相关专业的技工院校或中等及以上职业院校、专科及以上普通高等学校毕业证书（含在读应届毕业生）

（续）

名称	技能	等级及要求
研学旅行指导师	众完成研学任务）；服务保障（能引导研学受众有序集合，按规定乘坐交通工具并对乘坐交通工具的注意事项进行说明；能完成分配房间、办理入住、查房、退房等工作并对注意事项进行说明；能组织研学受众文明就餐并对特色餐饮知识进行讲解；能引导研学受众进行时间管理；能对研学受众进行卫生健康管理）；安全教育（能对研学受众进行安全教育；能根据安全应急预案，明确安全职责以及处理突发事件的工作流程）； ④评价与反馈，学习效果评价与信息收集（能组织研学受众对学习效果进行自我评价；能收集多元主体对研学受众学习效果的评价信息；能对收集的学习效果评价信息进行分类、整理、反馈）；研学活动评价与信息收集（能组织多元主体对研学活动进行评价，并能收集整理评价信息；能对研学活动的服务保障环节进行评价；能进行自我评价）	
景区运营管理师	从事景区安全管理、营销推广、数字化管理、生态环境保护等的人员。主要工作任务： ①制订景区运营管理方案，并指导实施； ②进行景区营销推广及周边衍生产品开发； ③提供智慧景区技术支持及数字化管理； ④进行景区安全管理； ⑤进行景区生态修复、立体绿化等保护景区环境	该国家职业技能标准正在编制中，具体报考条件还未出台

6 森林康养服务能力

服务能力是指服务系统的最大产出水平，即系统提供服务过程中所展现的能力和水平。它反映了系统在满足客户需求、提供高质量服务、实现客户满意度等方面的表现和能力。森林康养服务能力是指在优化康养环境、提高服务水平的基础上，对消费者的情绪状态进行主动式干预，最终实现森林康养产品的人性化服务与有效供给。森林康养服务能力的基本组成要素包括人力资源（详见第五章）、服务设施设备、服务时间、顾客参与以及能力提升与扩容。

6.1 康养服务时间

康养服务时间是指通过改变服务时间段提高生产能力，如具有需求高峰期和淡旺季的服务业及延长营业时间能够提高整体能力。康养业面临淡旺季的挑战，旺季人潮拥挤，服务质量下降，而淡季则资源闲置，经营困难。为应对这一挑战，可采取调节需求的策略。

（1）平滑需求

通过对顾客的过量需求加以引导和劝阻，将其转移至服务能力利用率较低的时期。如根据顾客需求的强烈程度调整价格或采取对营业时间做出限制的策略，能将部分潜在顾客转移到业务清淡时期。

（2）建立预约预订系统

预订系统既能在顾客需求正式发生之前对顾客需求予以识别和进行组织安排，又能保证顾客在其需要和能够接受服务的具体时间得到服务。

（3）差异化服务

打破“第一个来，第一个接受服务”的排队方式，首先满足那些必须优先服务的顾客，对于等待的顾客，应以安抚（如为其提供免费饮料）或提供增值服务等方式缓解服务供求关系。

（4）自助服务

自助的概念是以顾客参与服务的生产过程为基础的。

(5) 建立服务品牌

通过淡季时间加强人员培训和管理，提升员工服务能力，建立服务品牌，品牌价值越高，企业的信誉就越好，市场就越认可它的服务质量和价格水平（张浩清，2003）。

6.2 顾客参与

顾客参与是一种在产品或服务生产过程中顾客承担一定生产者角色为获得情感、个性化需求、自我创造及自我实现等方面需求的涉入性的资源（智力、精力、金钱、情绪等）投入行为。森林康养服务能力的一个重要要素是顾客参与，许多服务必须依赖顾客参与，顾客参与对服务能力会产生巨大影响，反映了森林康养的服务质量和市场生命力，能提升森林康养服务的信任度、客户黏度，带来持续的业务增长。

6.2.1 助力顾客事前准备，强化服务意识

康养企业可以通过信息平台建设等手段，让顾客在消费决策前对康养企业的服务流程及服务内容有充分的了解，促进信息不对称问题的解决。顾客掌握的信息越充分，其感知服务质量与期望服务质量之间的偏差就越小。康养企业可通过在信息平台中设置互动留言功能或开设服务热线等方式，及时处理顾客的需求问题，充分提高响应速度，以最短的时间、最快的速度来解决问题，可以有效提高顾客的感知服务质量水平，缩小其与期望服务水平的差距。同时，为了让顾客在选择康养服务前，能够多渠道、多元化、便捷地了解康养企业的服务内容及服务流程，企业应加强宣传和推广，侧重于新媒体推广。

6.2.2 建立共享互动机制，促进有效沟通

在服务传递过程中，顾客与服务人员之间的沟通越充分，越是可以缩小顾客感知服务质量与期望服务质量之间的偏差。信息共享和互动是服务人员和顾客双向行为。对于康养企业的服务人员来说，可以做到以下几点：

①简化服务语言，表达准确。语言是形成沟通障碍的重要因素，因此，服务人员在对顾客进行服务时，应该注意措辞，信息表达要清楚明确，使顾客易于理解。

②注意非语言提示。行动与语言同样重要，服务人员在对顾客提供服务过程中

要确保自己的行为与语言相匹配，以免让顾客产生误会。

③积极倾听顾客需求。当顾客向我们表述需求时，不要急于对信息的内容进行判定，应该认真思考。

④抑制情绪。情绪会使信息的传递受阻，无法获得有效信息。在为顾客提供服务时，应始终保持平静的心态。通过有效沟通，可以了解到真实的市场状况，获取顾客的真实需求，以此来设计服务内容和制定服务标准，从而使顾客需求得到最大程度的满足。顾客与服务人员之间充分地互动、沟通，在增加用户体验的同时，也可以有效地缩小顾客感知服务质量与期望之间的差距，从而提高服务质量。

6.2.3 树立口碑传播理念，实施关系营销

康养企业应进行有效的口碑管理，建立顾客之间的互动联结机制。通过建立互动平台，不仅拓宽了顾客进行口碑传播的途径，也增加了顾客获得口碑传播的机会，提高其传播能力的同时又会增进顾客间的情感交流，使口碑传播更具有说服力，进而提高顾客对服务质量的感知水平。

6.2.4 适当控制直接接触，削弱消极影响

顾客参与是由服务本身的性质决定的，对服务组织产生积极影响的同时，也会产生一定的消极影响。当顾客直接与服务人员接触时，可能会提出各种各样的要求或发出指示。例如，要求服务人员在自己规定的时间范围内才可进行服务等，使得服务人员不能按照预定的服务程序完成工作，从而影响服务效率。然而，对于康养企业来说，应尽可能地通过服务标准化减少服务品种、通过自动化减少与顾客的直接接触等方式来提高服务效率，这样可以有效避免对顾客的打扰，从而为顾客提供更优质的服务（彭润华，2018）。

6.3 森林康养服务能力提升与扩容

森林康养服务能力需不断提升和扩容以满足市场变化，优质的服务可以提升企业形象和市场竞争力，为企业的产品带来更多附加值。

6.3.1 明确服务理念

康养企业要以真诚的康养服务取代传统的公式化服务，满足不同顾客的差异性

需求，同时要倡导以适度服务取代过于殷勤服务。此外，应该在缩短顾客在接受服务时的等待时间上下功夫，康养企业可以通过统筹和系统性的方法对康养服务进行重新整合，形成康养行业的新方法，例如通过创造一个让顾客快乐的服务氛围来分散顾客等待时期的注意力，转移顾客在等待时刻对于时间上的过分关注，服务的提供者可以开辟一个顾客等待区域，在这个区域里根据目标顾客的特点，合理安排一些不需要太大投资的设施，如书报、电视、茶饮等，转移顾客的注意力，从而达到缩短等待时间的目的（袁晓红，2014）。

6.3.2 加强专业知识和技能培训

康养行业从业者素质对于顾客满意度的直接影响，可通过各种途径和手段对康养行业从业者进行持续而系统地培训，使从业人员能力得以有效提升，进而确保顾客满意度。当前应该进行康养行业服务技能、服务意识、专业知识等培训活动，让从业人员全面了解服务的实质和精髓，真正做到对顾客各种需要的全面满足，达到顾客满意度的有效提升。

6.3.3 规范服务流程

标准化是现代服务业区别于传统服务业的重要特征。康养服务工作重点是满足康养人群，发掘、引导他们潜在的需求，所以康养企业应在服务方式、服务手段等各方面有标准意识，建立严格的标准化服务体系（张钦，2018）。

6.3.4 建立有效的激励机制

（1）物质激励

康养旺季客户较多时，员工工作量大，严格的规章制度会让员工产生厌烦情绪。可以在节假日高峰期适当发放奖金或日用品作为激励员工的心理补偿，平时要通过绩效评比，奖励主动服务意识好、服务水平高的员工，提高员工满意度。

（2）精神激励

对于素质高、物质条件好的员工，要重视对他们的精神激励。可开展“优质服务标兵”和“优秀服务岗位”等榜样评选比赛，树立典型，指引员工精神方向；建立扁平化组织结构，企业管理者要通过沟通、业余活动，增进与员工的信任关系，让员工形成企业文化归属感。

(3) 重视员工人文关怀

充分保障员工的生理、安全需求，对员工爱心管理，允许员工诉说服务中的委屈，关怀和重视一线服务人员的工作，给他们提供培训、晋升机会，真正解决基地主动服务意识不强的难题，员工也能发挥个人潜力，实现自我价值。

6.3.5 加强服务管理和监督

根据自身的具体实际情况，可设置一些管理机构来加强服务管理，如安全管理机构；也可通过相应的管理制度来达到目的，如安全管理责任制、领导责任制、重要岗位安全责任制、运行管理安全责任制、监督检查与奖励制度等。

参考文献

蔡学林，廖为明，张天海，等. 森林声景观类型的划分与评价初探［J］. 江西农业大学学报，2010，32（6）：1195-1201.

藏女. 少数民族养生特辑（之一）［J］. 中国医学创新，2007（11）：36-37.

曹云. 林康养实现资源利用与保护同步发展［J］. 中国林业产业，2022，(2)：78+80.

陈柏宗，苏玲玉，王雅婷，等. 疗愈性环境应用于高龄者居家室内空间之研究［J］. 建筑学报，2020（112A）：21-36.

陈邦锋. 森林公园旅游资源开发和生态环境保护措施分析——以广东省连山林场自然教育基地为例［J］. 中文科技期刊数据库（全文版）自然科学，2023，(12)：29-32.

陈丽敏，张卫东，赵宇，等. 森林康养基地建设与发展研究［J］. 林业经济，2018，(8)，29-32.

程维嘉，王俊莲，杨慧玲，等. 森林康养管理模式与发展策略研究［J］. 林业经济，2019，(10)：29-31.

程媛媛，王欣，张晓峰. 城市公共服务质量评价体系构建研究［J］. 城市发展研究，2017，20（9），30-35.

崔新新，李若凝，何静. 基于知识图谱的森林康养研究进展［J］. 河南科学，2023，41（3）：434-444.

邓凤平，蒋艳秋，袁毅，等. 短期森林康养对慢性阻塞性肺疾病患者肺通气功能的影响［J］. 四川林业科技，2023，44（3）：135-140.

格伦. 中西方疗愈环境概述［J］. 中国医院建筑与装备，2013，14（5）：25-8.

龚梦柯，吴建平，南海龙. 森林环境对人体健康影响的实证研究［J］. 北京林业大学学报（社会科学版），2017，16（4）：44-51.

贵州省康养基地建设技术规范. DB/52T 1197—2017.

郭诗宇，汪远洋，陈兴国，等. 森林康养与康养森林建设研究进展［J］. 世界林业研究，2022，35（2）：28-33.

国家康养旅游示范基地. LB/T 051—2016.

黄海波. 森林破坏现状及其保护对策［J］. 农民致富之友，2017（7）：283.

黄小凡，陈顺森. 箱庭疗法的正统与发展［J］. 教育生物学杂志，2019，7（3）：129-133.

霍婧婧，陈雪，张艳娟. 疗养期间森林浴对军队慢性阻塞性肺疾病患者肺功能和运动耐力的影响

[J]. 中国疗养医学，2018，27（6）：573-575.
江绪旺，俞书涵，詹丽玉. 森林康养视角下五感疗法对大学生心理韧性的影响 [J]. 自然保护地，2021，1（4）：80-89.
金鹏，徐明，冉富菊，等. 森林光环境特征及其生态作用 [J]. 山地农业生物学报，2023，42（2）：38-47.
金荣疆，唐巍. 中医养生康复学 [M]. 北京：中国医药科技出版社，2017.
金宗哲. 负离子与健康和环境 [J]. 中国建材科技，2006（3）：85-87.
康养视界. 日本 FuFu 山梨森林康养基地的课程设计 [Z/OL]. https：//mp. weixin. qq. com/s/Y3W-kLLp5Lm1sAO2qdAXCA.
兰峰，郑洲，曹婷嫣. 森林浴对军队高血压患者血管功能及相关因素的影响 [J]. 中国疗养医学，2017，26（4）：340-342.
雷海清，支英豪，张冰，等. 森林康养对老年高血压患者血压及相关因素的影响 [J]. 西部林业科学，2020，49（1）：46-52.
雷巍娥. 森林康养概论 [M]. 北京：中国林业出版社，2016.
李法红，李树华，刘国杰，等. 苹果树花叶的观赏活动对人体脑波的影响 [J]. 西北林学院学报，2008，23（4）：62-68.
李华，刘婷婷，周雪. 旅游景区服务质量评价体系研究 [J]. 旅游研究，2018，11（2），85-90.
李莉，侯胜田. 中国森林康养发展报告（2022）[M]. 北京：中国商业出版社，2022.
李卿. 森林医学 [M]. 北京：科学出版社，2013.
李甜. 大数据背景下旅游服务管理质量优化对策研究 [J]. 营销界，2020，（31）：156-157.
李溪. 森林康养视角下的森林公园规划设计研究 [D]. 北京：北京林业大学，2019.
李英，李晓辉，王丽丽. 森林康养安全管理研究 [J]. 林业经济，2018，（8），11-14.
李泽，谢晓晗，张瑶. 建成环境与心理健康研究进展的述评与展望——基于疗愈视角的文献综述研究 [J]. 西部人居环境学刊，2020，35（4）：34-42.
李祇辉. 韩国森林疗愈服务体系建设及其对我国森林康养产业发展的启示 [J]. 林业调查规划，2021，46（5）：59-64.
刘朝望，王道阳，乔永强. 森林康养基地产品与服务建设探究 [J]. 林业资源管理，2017（02）：93-96+156. DOI：10. 13466/j. cnki. lyzygl. 2017. 02. 016.
刘成成，陈利群. 癌症相关性睡眠障碍的非药物干预研究进展 [J]. 全科护理，2021，19（23）：3197-3201.
刘丽勤. 久藏深闺的木王国家森林公园 [J]. 陕西林业，2004（4）：28.
刘炜. 山西省七里峪森林康养试点建设模式分析 [J]. 山西林业，2020，（04）：12-13+48.
刘秀美，刘燕，刘婷婷，等. 森林康养产业现状与发展趋势 [J]. 林业经济，2017，（10），40-43.
刘秀美，刘燕，王军，等. 森林康养基地服务质量提升策略研究 [J]. 环境科学与技术，2017，30（9），1-8.
刘秀美，王欣，张晓峰，等. 我国森林康养产业发展现状及对策研究 [J]. 中国林业经济，2020，（11）：21-24.

刘艳波，王焕琦，王洪俊，等. 长白山二道白河区森林康养对人体免疫功能的影响［J］. 中国城市林业，2021，19（6）：105-109.

刘永涛，刘峰，张伟. 基于市场需求的森林康养服务内容创新与实践［J］. 林业经济，2020，（3），51-54.

柳红明，张宁. 旅游设施生态化设计初探［J］. 装饰装修天地，2018（6）：116.

柳京池，张明雪. 基于数据挖掘探析张明雪教授治疗冠心病合并 2 型糖尿病用药规律研究［J］. 辽宁中医杂志，2023，（11）：15-20.

罗纪宁. 市场细分的系统内涵及其在企业营销决策中的应用［J］. 江苏商论，2005，（5）：26-27.

吕兵洋. 毛竹等三种观赏竹林的生态保健功能和机制研究［D］. 雅安：四川农业大学，2018.

马朝珉，于伸，苏丽萍，等. 色彩疗法在室内设计中的应用探析［J］. 中国住宅设施，2011，（12）：33-35.

马烈光，蒋力生. 中医养生学（3 版）［M］. 北京：中国中医药出版社，2016.

南海龙，刘立军，王小平，等. 森林疗养漫谈［M］. 北京：中国林业出版社，2016.

彭旻. "康养到贵州" 品牌建设的路径探索［J］. 中国民政，2023（8）：35-37.

彭润华，林啸啸. 顾客参与视角下末端物流服务质量提升策略研究［J］. 铜陵学院学报，2018，17（06）：48-53. DOI：10. 16394/J. CNKI. 34-1258/Z. 2018. 06. 010.

秦春梅，周丹梅，袁娴，等. 芳香疗法在防治疾病和杀菌消毒方面的研究进展［J］. 中医外治杂志，2022，31（5）：112-114.

饶秀俊. 负离子研究的现状和现实意义探讨［J］. 企业科技与发展，2015（16）：27-28+31.

宋清华. 空气负离子对老年人健身锻炼效果的影响［J］. 湖北体育科技，2016，35（11）：947-949.

宋维明. 森林康养企业运营管理［M］. 北京：中国林业出版社. 2021.

苏久丹. 不同森林景观空间对大学生身心恢复效果的影响研究［D］. 沈阳：沈阳农业大学，2021.

苏雅乐. 浅谈三根七素三秽相对平衡关系［J］. 中国蒙医药（蒙），2022（005）：017.

孙启祥，彭镇华，张齐生. 自然状态下杉木木材挥发物成分及其对人体身心健康的影响［J］. 安徽农业大学学报，2004（2）：158-163.

孙一，牟莉莉，江海旭，等. 供给侧改革推进森林康养产业化发展的创新路径［J］. 湖南社会科学，2021，（1）：72-79.

覃芳葵，刘伦光，邓涛，等. 短期森林康养对中老年人肺功能影响的调查［J］. 预防医学情报杂志，2019，35（10）：1172-1177.

汤澍，周璐. 城市森林游憩区质量管理研究——以南京紫金山森林游憩区为例［J］. 资源开发与市场，2014，30（12）：1512-1516.

田微，李永春. 慢性阻塞性肺疾病的治疗进展［J］. 中国误诊学杂志，2007，7（21）：4964-4966.

王江荣. 项目管理理论与实践［M］. 南京：东南大学出版社，2023.

王娟. 人力资源服务产业与企业管理［M］. 长春：吉林出版集团股份有限公司，2021.

王俊莲，赵广杰，李晓杰. 质量管理体系在项目中的应用与实践［J］. 项目管理，2016，18（2），

45-48.
王明旭. 森林康养100问（续）[J]. 林业与生态，2018（07）：40-41.
王旭东. 中医养生康复学［M］. 北京：中国中医药出版社，2004.
王志英，刘春生，张晓峰，等. 公共服务设施设备配置标准研究［J］. 城市发展研究，2016，19（11），14-18.
魏晓艺，邹树芳. 糖尿病睡眠障碍的护理进展［J］. 西南医科大学学报，2020，43（03）：306-309.
吴楚材，吴章文，罗江滨. 植物精气研究［M］. 北京：中国林业出版社. 2006.
吴后建，但新球，刘世好，等. 森林康养：概念内涵、产品类型和发展路径［J］. 生态学杂志，2018，37（07）：2159-2169. DOI：10. 13292/j. 1000-4890. 201807. 030.
吴丽华，廖为明. 森林声景保健功能的初步分析［J］. 江西林业科技，2009，（4）：31-32.
吴颖娇，张邦俊. 环境声学的新领域——声景观研究［J］. 科技通报，2004，20（6）：565-568.
吴志文. 广元市森林康养产业发展的思考［C］//中国科学技术协会，吉林省人民政府. 第十九届中国科协年会——分6生态文明建设与绿色发展研讨会论文集.［出版者不详］，2017：7.
夏忠弟，郑谦，陈淑珍，等. 植物电磁波对人体作用的初探［J］. 湖南医科大学学报，2000（2）：151-153.
徐泓，栗申. 战略与风险管理［M］. 济南：山东人民出版社，2012.
薛薇. 基于消费行为的市场细分研究［D］. 西安：西安电子科技大学，2009.
严荣，杜玲毓. 旅游企业运营与管理［M］. 成都：西南财经大学出版社，2021.
杨春兰. 森林康养基地建设评价研究［D］. 成都：西华大学，2021.
杨林立. 基于健康中国战略的河南省森林康养产业发展探究［J］. 河南科技，2022，41（09）：148-150. DOI：10. 19968/j. cnki. hnkj. 1003-5168. 2022. 09. 033.
杨敏，李晓杰，赵宇，等. 森林康养环境教育宣传策略研究［J］. 林业经济，2017，（10），33-36.
杨世祥. 旅游景区度假型酒店营销策略研究［D］. 广州：广东财经大学，2014.
杨淑艳，赵宇，李晓杰，等. 基于生态足迹的森林康养产业可持续发展评价研究［J］. 林业经济，2018，（3）：15-17.
姚建勇，张文凤. 贵州大生态背景下森林康养模式与路径探索［J］. 林业资源管理. 2021（5）：27-32.
贠航，张晓文. 森林康养对人体健康的影响研究综述［J］. 林业调查规划，2022，47（6）：135-140，154.
袁晓红. 如何提高旅游服务满意度［J］. 黑龙江科学，2014，5（04）：224.
张浩清. 服务营销中的需求波动及其管理［J］. 河南纺织高等专科学校学报，2003，（2）：6-9.
张嘉琦，龚梦柯，吴建平，等. 不同森林环境对人体身心健康影响的研究［J］. 中国园林，2020，36（2）：118-123.
张金生，林静，李丽华，等. 火焰原子吸收法测定蒙古奶茶中的钙、镁、锌［J］. 现代化工，2012，32（2）：94-96.
张丽娟，刘佳，李晓杰，等. 森林康养旅游环境卫生管理策略研究［J］. 林业经济，2019，（6），45-48.

张钦，刘治国. 胜在服务赢在细节［M］. 北京：企业管理出版社，2018.
张胜军. 国外森林康养业发展及启示［J］. 中国林业产业，2018（5）：76-80.
张双全，胡雪儿，赵晓彤，等. 基于SAS的森林心理保健功能研究［J］. 中南林业科技大学学报（社会科学版），2018，12（2）：77-82.
张文英，巫盈盈，肖大威. 设计结合医疗——医疗花园和康复景观［J］. 中国园林，2009，25（8）：7-11.
张晓峰，李冬兴，周恒淑，等. 基于多元分类的森林资源价值评估研究［J］. 林业经济，2017，（5）：22-24.
张秀丽，杜健，狄隽. 北京八达岭国家森林公园自然教育实践与发展对策探索［J］. 国土绿化，2019，（7）：55-57.
章文春，郭海英. 中医养生康复学（3版）［M］. 北京：人民卫生出版社，2021.
赵勤. 云南省森林康养产业特色宣传及营销方式［J］. 农村经济与科技，2021，32（14）：187-189.
执惠. 森林康养：国际经验与中国案例［Z/OL］. https：//mp. weixin. qq. com/s/n-huf5qHUwsaCfDWo_ VfPg.
周彩贤. 森林疗养师培训教材. 基础知识篇［M］. 北京：科学出版社，2018.
周彩贤. 自然体验教育活动指南［M］. 北京：中国林业出版社，2016.
周卫，聂晓嘉，池梦薇，等. 森林康养消费者情绪状态对身心健康恢复的影响［J］. 林业经济，2020，42（9）：53-62.
Altimier L B. Healing environments：for patients and providers［J］. Newborn and Infant Nursing Reviews，2004，4（2）.
An J，Kim K，Park E. A Study on Spatial Planning of Rural Healing Tourism using Participatory Design Method--With a Focusing on the Elements of Healing Environment［J］. Journal of the Korea Institute of Spatial Design，2020，15（7）：87-100.
Chun M H，Chang M C，Lee S J. The effects of forest therapy on depression and anxiety in patients with chronic stroke［J］. The International journal of neuroscience，2016，127（3）：1-17.
Chung J C，Lai C K，Chung P M，et al. Snoezelen for Dementia［J］. Cochrane Database of Systematic Reviews，2002（4）.
Furuyashiki A，Tabuchi K，Norikoshi K，et al. A comparative study of the physiological and psychological effects of forest bathing（Shinrin-yoku）on working age people with and without depressive tendencies［J］. Environmental Health and Preventive Medicine，2019，24：26.
Guan H，Wei H，He X，et al. The tree-species-specific effect of forest bathing on perceived anxiety alleviation of young-adults in urban forests［J］. Annals of Forest Research，2017，60（2）：327-341.
Han J W，Choi H，Jeon Y H，et al. The effects of forest therapy on coping with chronic widespread pain：physiological and psychological differences between participants in a forest therapy program and a control group［J］. International Journal of Environmental Research and Public Health，2016，13（3）：255.
Hansen M M，Reo J，Kirsten T. Shinrin-Yoku（Forest Bathing）and Nature Therapy：A State-of-the-Art Review［J］. International Journal of Environmental Research and Public Health，2017，14

(8): 851.

Hodge S, Hodge G, Nairn J, et al. Increased airwaygranzyme b and perforin in current and ex-smoking COPD subjects [J] . COPD, 2006, 3 (4) : 179-87.

Hurly J, Walker G J. Nature in our lives: Examining the human need for nature relatedness as a basic psychological need [J]. Journal of Leisure Research, 2019, 50 (4): 290-310.

Ikei H, Song C, Miyazaki Y. Physiological Effects of Touching Wood. [J]. Int J Environ Res Public Health. 2017, 14 (7): 801.

Ishikawa M. 1985 Moderation of the Microclimate of the forest [J].. Association of Soil Water Conservation of Japan, 1985: 5-33.

Jia B B, Yang Z X, Mao G X, et al. Health Effect offorest bathing trip on elderly patients with chronic ob-structive pulmonary disease [J]. Biomed Environ Sciences, 2016, 29 (3): 212-218.

Kaplan S. The restorative benefits of nature: Toward an integrative framework [J]. Journal of environmental psychology, 1995, 15 (3): 169-182.

Kobayashi H, Song C, Ikel H, et al. Analysis of individual variations in autonomic responses to urban and forest environments [J]. Evidence-Based Complementary and Alternative Medicine, 2015: 1-7.

Komppula R, Konu H, Vikman N. 2017a. Listening to the sounds of silence: Forest based wellbeing tourism in Finland //Chen JS, Prebensen NK, eds. Nature Tourism. London: Routledge: 120-130.

Komppula R, Konu H. 2017b. Designing forest-based wellbeing tourism services for Japanese customers: A case study from Finland //Prebensen NK, Chen JS, Uysal M, eds. CoCreation in Tourist Experiences. London: Routledge: 50-63.

Konu H. 2015a. Developing forest-based well-being tourism products by using virtual product testing. Anatolia, 26: 99-102.

Konu H. 2015b. Developing a forest-based wellbeing tourism product together with customers: An ethnographic approach. Tourism Management, 49: 1-16.

Lee J, Park B J, Tsunetsugu Y, et al. Effect of forest bathing on physiological and psychological responses in young Japanese male subjects [J]. Public health, 2011, 125 (2): 93-100.

Li Q, Kawada T. Possibility of clinical applications of forestmedicine [J]. Nihon Eiseigaku Zasshi, 2014, 69 (2): 117-121.

Li Q, Kobayashi M, Wakayamay Y, et al. Effect of phytoncide from trees on human natural killer cell function [J]. International Journal of Immunopathology and Pharmacology, 2009, 22 (4) : 951-959.

Li Q, Morimoto K, Kobayashi M, et al. Visiting a Forest, but Not a City, Increases Human Natural Killer Activity and Expression of Anti-Cancer Proteins [J]. International Journal of Immunopathology and Pharmacology, 2008, 21 (1) : 117-127.

LI Q, Otsuka T, Kobayashi M, et al. Acute effects of walking in forest environments on cardiovascular and metabolic parameters [J]. European Journal of Applied Physiology, 2011, 111 (11) : 2845-2853

Press D, Minta S C. The smell of nature: olfaction, knowledge and the environment [J]. Ethics, Place and Environment, 2000, 3 (2): 173-186.

Sagioglou C, Greitemeyer T. Individual differences in bitter taste preferences are associated with antisocial personality traits [J]. Appetite, 2016, 96: 299-308.

Shin W S, Shin C S, Yeoun P S. The influence of forest therapy camp on depression in alcoholics [J]. Environmental Health and Preventive Medicine, 2012, 17: 73-76.

Steiner J E, Glaser D, Hawilo M E, et al. Comparative expression of hedonic impact: affective reactions to taste by human infants and other primates [J]. Neuroscience and Biobehavioral Reviews, 25 (1): 53-74.

Stuckey HL, Nobel J. The connection between art, healing, and public health: a review of current literature [J]. Am J Public Health. 2010, 100 (2): 254-63.

Tsunetsugu Y, Park B J, Miyazaki Y. Trends in research related to "Shinrin-yoku" (taking in the forest atmosphere or forest bathing) in Japan [J]. Environmental Health and Preventive Medicine, 2010, 15 (1): 27-37.

Ulrich R S. View through a window may influence recovery from surgery [J]. Science (New York, NY), 1984, 224 (4647): 420-421.

Wilson EO. Biophilia: The human bond with other species. Cambridge, MA: Harvard University Press, 1984.

Wu Q, Ye B, Lv X L, et al. Adjunctive Therapeutic effects of cinnamomum camphora forest environment on elderly patients with hypertension [J]. International Journal of Gerontology, 2020, 14 (4): 327-331.